"十四五"职业教育国家规划教材

"十二五"职业教育国家规划教材
经全国职业教育教材审定委员会审定

UG NX10 数控编程学习教程

第 3 版

主　编　王卫兵
副主编　王金生
参　编　巫修海　王卫仁　吴丽萍

U0379647

机械工业出版社

本书是"十四五"职业教育国家规划教材，经全国职业教育教材审定委员会审定。

本书按高职院校人才培养模式改革的先进教学理念，以典型工作任务为基础，以工作过程为导向，采用项目案例组织教学内容，以项目教学的方式编写而成。全书共选择了6个具有典型应用特性的UG NX10数控编程学习项目，包括心形凹槽的数控编程、花形凹槽零件的数控编程、工具箱盖凸模的数控编程、泵盖的数控编程、头盔凸模的数控编程、卡通脸谱铣雕加工的数控编程。每个学习项目包含若干个任务，每个任务的内容相对独立，并按学习目标→任务分析→知识链接→任务实施→任务总结等内容展开。内容涵盖了UG NX10软件数控编程的基础知识、基本操作、父节点组创建、型腔铣工序创建、平面铣工序创建、钻孔工序创建、固定轮廓铣工序创建等各个方面。

为配合课程学习，本书编者录制了大量的微课资源，读者可以扫描书中的二维码进行访问与播放，也可以访问机工教育大讲堂（http：//www.cmpedu.com/videos/index.htm）进行学习。另外，读者可以通过机械工业出版社教育服务网（http：//www.cmpedu.com/）下载本书对应的电子课件与相应的模型文件。

本书可作为高职高专院校数控技术、机械设计与制造、机械制造与自动化、模具设计与制造等专业的教材，也可供中职学校选用，还适合作为相关工程技术人员的参考用书。

图书在版编目（CIP）数据

UG NX10数控编程学习教程/王卫兵主编. —3版. —北京：机械工业出版社，2019.2（2025.2重印）

"十二五"职业教育国家规划教材　经全国职业教育教材审定委员会审定

ISBN 978-7-111-61735-8

Ⅰ.①U… Ⅱ.①王… Ⅲ.①数控机床-加工-计算机辅助设计-应用软件-高等职业教育-教材 Ⅳ.①TG659.022

中国版本图书馆CIP数据核字（2019）第003841号

机械工业出版社（北京市百万庄大街22号　邮政编码100037）

策划编辑：王英杰　责任编辑：王英杰

责任校对：樊钟英　封面设计：陈　沛

责任印制：郜　敏

北京富资园科技发展有限公司印刷

2025年2月第3版第17次印刷

184mm×260mm·17印张·399千字

标准书号：ISBN 978-7-111-61735-8

定价：49.50元

电话服务 网络服务

客服电话：010-88361066　　机　工　官　网：www.cmpbook.com

　　　　　010-88379833　　机　工　官　博：weibo.com/cmp1952

　　　　　010-68326294　　金　书　网：www.golden-book.com

封底无防伪标均为盗版　机工教育服务网：www.cmpedu.com

关于"十四五"职业教育国家规划教材的出版说明

为贯彻落实《中共中央关于认真学习宣传贯彻党的二十大精神的决定》《习近平新时代中国特色社会主义思想进课程教材指南》《职业院校教材管理办法》等文件精神，机械工业出版社与教材编写团队一道，认真执行思政内容进教材、进课堂、进头脑要求，尊重教育规律，遵循学科特点，对教材内容进行了更新，着力落实以下要求：

1. 提升教材铸魂育人功能，培育、践行社会主义核心价值观，教育引导学生树立共产主义远大理想和中国特色社会主义共同理想，坚定"四个自信"，厚植爱国主义情怀，把爱国情、强国志、报国行自觉融入建设社会主义现代化强国、实现中华民族伟大复兴的奋斗之中。同时，弘扬中华优秀传统文化，深入开展宪法法治教育。

2. 注重科学思维方法训练和科学伦理教育，培养学生探索未知、追求真理、勇攀科学高峰的责任感和使命感；强化学生工程伦理教育，培养学生精益求精的大国工匠精神，激发学生科技报国的家国情怀和使命担当。加快构建中国特色哲学社会科学学科体系、学术体系、话语体系。帮助学生了解相关专业和行业领域的国家战略、法律法规和相关政策，引导学生深入社会实践、关注现实问题，培育学生经世济民、诚信服务、德法兼修的职业素养。

3. 教育引导学生深刻理解并自觉实践各行业的职业精神、职业规范，增强职业责任感，培养遵纪守法、爱岗敬业、无私奉献、诚实守信、公道办事、开拓创新的职业品格和行为习惯。

在此基础上，及时更新教材知识内容，体现产业发展的新技术、新工艺、新规范、新标准。加强教材数字化建设，丰富配套资源，形成可听、可视、可练、可互动的融媒体教材。

教材建设需要各方的共同努力，也欢迎相关教材使用院校的师生及时反馈意见和建议，我们将认真组织力量进行研究，在后续重印及再版时吸纳改进，不断推动高质量教材出版。

机械工业出版社

前　言

本书是经教育部审批的"十四五"职业教育国家规划教材。

党的二十大报告提出"推进新型工业化，加快建设制造强国、质量强国、航天强国、交通强国、网络强国、数字中国"，数控编程技术是实现工业企业转型升级、实现数字化制造的关键技术之一，本书在项目任务中突出强调为保证质量与效率的编程关键点，着力将学生培养成为具备数控编程实践能力、创新能力以及综合职业能力的高技能人才。

本书秉承"产教融合"的理念，结合企业数控编程员的真实岗位能力需求，确定教材内容。全书共选择了6个具有典型应用特性的 UG NX 数控铣编程学习项目，每个项目包含若干个任务，每个任务的内容相对独立，并按学习目标→任务分析→知识链接→任务实施→任务总结等内容展开。

项目1：心形凹槽的数控编程，侧重于讲解 UG NX CAM 加工编程模块的基础知识，介绍加工模块与数控编程的一般步骤。

项目2：花形凹槽零件的数控编程，侧重于讲解 UG NX 中数控铣编程的基础，包括刀具与几何体创建、工序的创建、刀具轨迹（后简称刀轨）的检验与后处理。

项目3：工具箱盖凸模的数控编程，侧重于讲解 UG NX 中型腔铣的应用，包括型腔铣工序的创建、型腔铣的刀轨设置、切削层、切削参数、非切削移动、进给率和速度的设置。

项目4：泵盖的数控编程，侧重于讲解 UG NX 中平面铣与钻孔工序的应用，包括面铣工序的创建、边界的选择、平面铣的刀轨设置、平面铣工序的创建、平面轮廓铣工序的创建与钻孔工序的创建、钻孔点的选择、钻孔循环设置等。

项目5：头盔凸模的数控编程，侧重于讲解 UG NX 中精加工工序的创建，包括深度轮廓加工工序的创建与刀轨设置、区域轮廓铣工序的创建与驱动方法设置等。

项目6：卡通脸谱铣雕加工的数控编程，侧重于讲解 UG NX 中固定轮廓铣不同驱动方法的应用。包括边界驱动、螺旋式驱动、曲线/点驱动、流线驱动、文本驱动等不同驱动方法的固定轮廓铣工序的创建与驱动方法设置。

为配合课程学习，本书编者录制了大量的微课资源，读者可以扫描书中的二维码进行访问与播放，也可以访问机工教育大讲堂（http://www.cmpedu.com/videos/index.htm）进行学习。另外，读者可以通过机械工业出版社教育服务网（http://www.cmpedu.com/）下载本书对应的电子课件与相应的模型文件。本书编者在"浙江省高等学校在线开放课程共享平台（https://www.zjooc.cn/）"上开设有在线开放课程"CAM 自动编程"，所有读者均可参与学习，教师可以应用在线开放课程进行课程教学。

本书由王卫兵任主编，王金生任副主编，巫修海、王卫仁、吴丽萍等参与编写和教学资源的制作。本书在编写和出版过程中，得到了台州职业技术学院的领导和同仁的支持与帮助，也得到了浙江省教育厅高校重点建设教材项目的资助、机械工业出版社的悉心指导，以及台州市九谊机电有限公司、台州市星星模具有限公司等企业的工程师的协作参与，在此一并表示感谢！

限于编者的水平和经验，本书难免有疏漏之处，恳请广大读者批评指正。

目　　录

项目 1

心形凹槽的数控编程

项目概述

　　本项目要求完成一个简单的心形凹槽（见图 1-1）的数控加工程序创建，这个零件的凹槽部分为一个心形，零件材料为铝合金，零件的 3D 模型已经设计完成，文件名为 T1. prt，零件的精度与表面粗糙度要求不高。

　　要求应用 UG NX10 软件来创建这个零件的数控加工程序，同时要求通过这一项目的学习掌握 UG NX10 加工模块应用的相关基础知识。

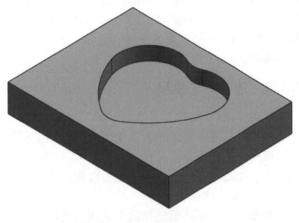

图 1-1　心形凹槽

学习目标

➢ 掌握 UG NX 加工模块的基础知识。
➢ 了解 NX 编程的一般步骤。
➢ 了解工序导航器的几种视图。
➢ 能正确选择模板进行加工环境的初始化。
➢ 能进行工序的生成与检验。
➢ 能正确应用工序导航器选择工序。

任务 1-1　进入 UG NX 加工模块

【学习目标】

➢ 掌握 CAD/CAM 基本概念。
➢ 了解 UG NX CAM 模块的特点。
➢ 熟悉 UG NX 加工模块的工作界面。
➢ 了解 UG NX 加工模块中的常用工具条。
➢ 能够正确选择初始化模板进入加工模块。

【任务分析】

UG NX10 软件的编程要在专门的"加工"模块中才能进行,因此,首先要从建模模块或者其他模块进入到加工模块。

【知识链接 UG NX 加工模块】

1.1.1 UG NX CAM 基础

CAD/CAM 即计算机辅助设计与制造,当前所称的 CAD/CAM 通常特指使用 CAD/CAM 软件进行零件模型的设计,通过人机交互进行刀轨生成与后处理,最后生成数控程序。

UG NX 的 CAM 加工模块是把虚拟模型变成真实产品过程中重要的一步,即把三维模型表面所包含的几何信息,自动进行计算变成数控机床加工所需要的代码,从而精确地完成产品设计的构想。UG NX 加工模块具有非常强大的功能,可以编制各种复杂零件的数控加工程序。UG NX10 可以完成两轴、三轴、四轴、五轴的数控铣加工编程与数控车、线切割加工的编程。

1.1.2 进入加工模块

1. 进入加工模块

功能:从建模模块或者其他模块进入加工模块。

应用:工具条顶部选择"应用模块"选项卡,再在工具条上单击"加工"按钮进入加工模块,如图 1-2 所示,另外也可以使用快捷键〔Ctrl + Alt + M〕进入加工模块。

2. 加工环境设置

功能:为加工环境选择适用的加工类型与加工模板集。

设置:进入加工模块时,系统会弹出"加工环境"对话框,如图 1-3 所示。选择相应

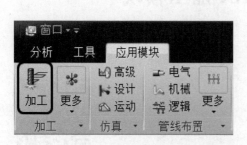

图 1-2　进入加工模块

图 1-3　加工环境的初始化

的 CAM 会话配置和要创建的 CAM 设置后，单击"确定"按钮，调用加工配置进行加工环境的初始化设置。

CAM 会话配置用于选择加工所使用的机床类别。CAM 设置是在制造方式中指定加工设定的默认值文件，也就是要选择一个加工模板集。

应用：选择模板文件将决定加工环境初始化后可以选用的工序类型，也决定在生成程序、刀具、方法、几何体时可选择的父节点类型。

在三轴的数控铣编程中最常用的设置为：CAM 会话配置选择"cam_general"，而"要创建的 CAM 设置"为"mill_planar"平面铣和"mill_contour"轮廓铣。

1.1.3　UG NX 加工模块的工作界面

UG NX10 工作界面的主体部分与建模模块的工作界面基本相似，只是在导航按钮中增加了工序导航器 ▣ 打开工序导航器，可以管理创建的工序及其他组对象。

在加工模块中，主要有以下特有工具条：

（1）插入　插入工具条，用于创建各种加工中涉及的对象，包括创建程序、创建刀具、创建几何体、创建方法与创建工序。

（2）导航器　导航器工具条用于切换工序导航器的显示视图，包括程序顺序视图、机床视图、加工方法视图与几何视图。

（3）刀轨操作　操作工具条用于对选择的工序进行处理，包括生成刀轨，确认刀轨、后处理等操作。

【任务实施】

首先要进入加工模块，为开始编程做准备：

◆ **步骤 1**　打开部件文件

启动 UG NX10.0 软件，打开文件名为 T1. prt 的部件文件，显示如图 1-4 所示。

◆ **步骤 2**　进入加工模块

在工具条顶部单击"应用模块"选项卡显示功能模块，再在工具条上单击"加工"按钮进入加工模块，如图 1-5 所示。

◆ **步骤 3**　加工环境初始化

在"加工环境"对话框中选择"要创建的 CAM 设置"为"mill_contour"，如图 1-6 所示，确定进行加工环境的初始化设置。

◆ **步骤 4**　显示工序导航器

进入加工模块后，在单击屏幕的左侧"工序导航器"按钮 ▣，显示工序导航器，如图 1-7 所示。

【任务总结】

进行 CAM 编程，首先要进入加工模块，进入加工模块时所选择的设置将影响后续的各个对象创建时可以选择的子类型。

进入加工模块的操作中需要注意：

1）进入加工模块后并不创建新的文件，它与原模型文件使用同一文件名，对于在编程时需要做模型更改的（如收缩率设置）需要特别注意。

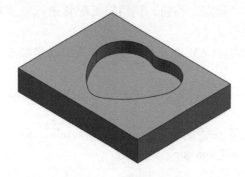

图1-4　打开部件文件

图1-5　进入加工模块

图1-6　加工环境的初始化

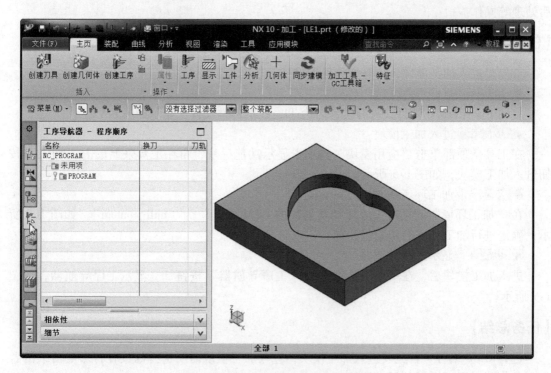

图1-7　进入加工模块后的工作界面

2）如果进入编程环境后，需要重新初始化，在菜单上选择［工具/工序导航器/删除设置］，将删除当前所有的设置，打开"加工环境"设置对话框，重新选择CAM设置。

3）在 CAM 模块中很多基础操作是与建模模块中相同的，这些应用可以参考 CAD 设计相关的介绍。

任务 1-2　创建工序

【学习目标】

➤ 掌握 UG NX CAM 模块的常用操作。

➤ 掌握 UG NX 编程的一般步骤。

➤ 初步掌握 UG NX 工序创建的步骤。

【任务分析】

在 UG NX 中，编程的主体工作是创建工序，创建工序后进行后处理才能生成程序，本任务要求创建花形凹槽加工的工序。

【知识链接　UG NX 编程实施过程】

在 UG NX 的加工应用中，完成一个程序的生成需要经过以下步骤：

1. 创建父组

在创建的父组中设置一些公用的选项，包括程序、方法、刀具与几何体，创建父组后在创建工序中可以直接选择，则工序将继承父组中设置的参数。

2. 创建工序

在创建工序时指定工序子类型，选择程序、几何体、刀具和方法位置组，并设置工序的名称，如图 1-8 所示。确定创建工序，打开相应的工序对话框。

3. 设置工序参数

创建工序时，主要的工作是对工序对话框中各个选项的指定，这些选项的设置将对刀轨产生影响，选择不同的工序子类型，所需设定的工序参数也有所不同，同时也存在很多的共同选项，图 1-9 所示为"型腔铣"的工序对话框。工序参数的设定是 UG NX CAM 编程中最主要的工作内容，通常可以按工序对话框从上到下的顺序进行设置。

（1）指定几何体　包括选择几何体组，指定部件几何体、毛坯几何体、检查几何体、切削区域几何体、修剪边界几何体来确定加工对象。

（2）选择刀具　通过选择或者新建指定加工工序所用的刀具。

（3）刀轨设置　在工序对话框中可以直接进行常用参数的设置。包括切削模式的选择，切削步距与切深的设置等。另外还有分组的选项设置：包括切削层、切削参数、非切削移动、进给率和速度，这些选项将打开一个新的对话框进行参数设置。

（4）驱动方法参数设置　如果创建固定轴曲面轮廓铣，选择驱动方法后，再选择驱动几何体并设置驱动参数。

（5）其他选项设置　如刀轴、机床控制等选项，在创建三轴的数控加工程序时这些选项通常可以使用默认设置。

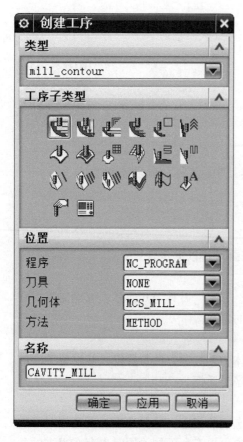

图 1-8　创建工序

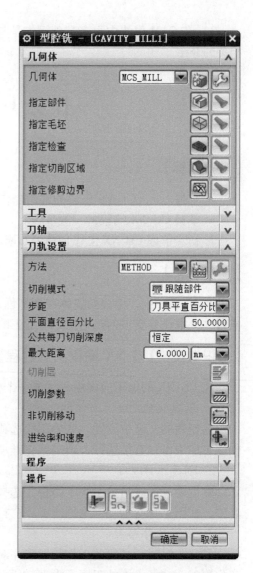

图 1-9　"型腔铣"的工序对话框

4. 生成刀轨

完成所有的参数设置后，在图 1-9 所示的对话框的底部，单击"生成"按钮🏃，由系统计算生成刀轨。

5. 刀轨检验

生成刀轨后，可以单击"重播"按钮🏃进行重播以确认刀轨的正确性，或者单击"确认"按钮🏃进行可视化刀轨检验。

如果对生成的刀轨不满意，可以在工序对话框中进行参数的重新设置，再次进行生成和检视，直到生成一个合格的刀轨。最后单击"确定"按钮接受工序并关闭工序对话框。

6. 后处理

对生成的刀轨进行后处理，生成符合机床标准格式的数控程序。

【任务实施】

◆ 步骤5　创建刀具

在工具条上单击"创建刀具"按钮，打开"创建刀具"对话框，如图1-10所示，选择刀具子类型，单击"确定"按钮进入铣刀参数对话框。

新建铣刀－5参数的刀具，设定直径为"12"，如图1-11所示，其余选项依照默认值设定，单击"确定"按钮完成刀具创建。

图1-10　创建刀具

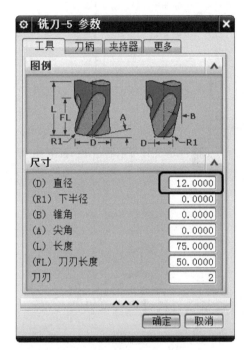

图1-11　设置刀具参数

◆ 步骤6　编辑工件几何体

在单击屏幕的左侧"工序导航器"按钮，显示工序导航器，单击导航器上方的"几何视图"按钮，将工序导航器显示为几何视图，单击"MCS_MILL"前的"＋"号，显示如图1-12所示。双击工件几何体"WORKPIECE"，打开如图1-13所示的"工件"对话框。

在"工件"对话框中上方单击"指定部件"按钮，选择实体为部件几何体，如图1-14所示。单击"确认"按钮完成部件几何体的选择，返回"工件"对话框。再单击"指定毛坯"按钮，系统弹出"毛坯几何体"对话框，指定类型为"包容块"，如图1-15所示，在图形上显示包容块毛坯范围如图1-16所示。确定返回工件几何体对话框。单击"确定"按钮完成工件几何体的创建。

◆ 步骤7　创建型腔铣工序

单击工具条上的【创建工序】按钮，系统打开"创建工序"对话框，如图1-17所示。选择工序子类型为型腔铣，选择几何体为"WORKPIECE"，刀具为"MILL"，确认各选项后单击"确定"按钮，打开"型腔铣"工序对话框，如图1-18所示。

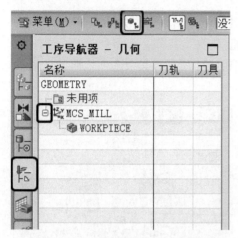

图 1-12　工序导航器 – 几何视图

图 1-13　工件

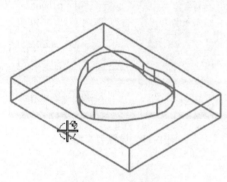

图 1-14　选择部件

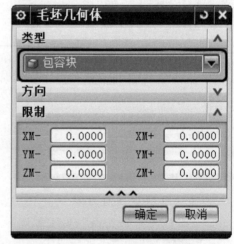

图 1-15　毛坯几何体

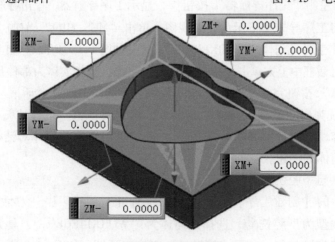

图 1-16　包容块毛坯

图 1-17　创建工序

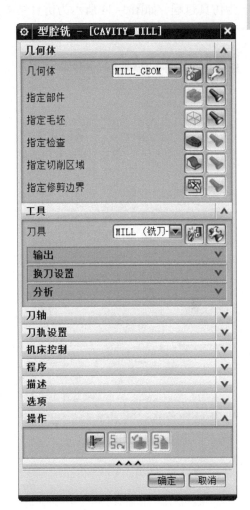

图 1-18　"型腔铣"工序对话框

◆ 步骤 8　刀轨设置

在"型腔铣"工序对话框中展开刀轨设置，进行参数设置，设置公共每刀切削深度为"恒定"，最大距离为"3"mm，如图 1-19 所示。

单击"进给率和速度"按钮█后，弹出如图 1-20 所示的对话框，设置主轴转速为"600"，切削进给率为"250"；再单击鼠标中键返回"型腔铣"工序对话框。

◆ 步骤 9　生成刀轨

确认其他选项参数设置。在工序对话框中单击"生成"图标█，计算生成刀路轨迹。在计算完成后，产生的刀路轨迹如图 1-21 所示。

◆ 步骤 10　确认刀轨

将视图方向调整为正等测视图，单击确认按钮█，系统打开"刀轨可视化"对话框，如图 1-22 所示，在其中选择"2D 动态"选项卡，再单击下方的播放按钮▶。图 1-23 所示为仿真过程,如图 1-24 所示为仿真结果。仿真结束后单击"确定"按钮,关闭刀轨可视化对话框。

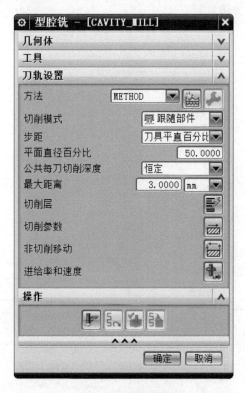

图 1-19 刀轨设置

图 1-20 设置进给参数

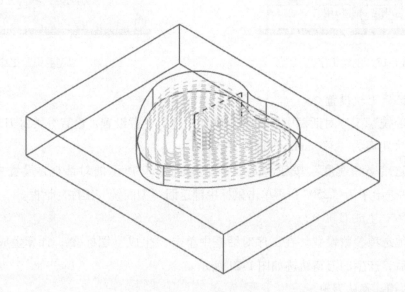

图 1-21 生成的刀轨

◆ 步骤 11　确定工序

确认刀轨后单击工序对话框底部的"确定"按钮，接受刀轨并关闭工序对话框。

◆ 步骤 12　保存文件

单击工具栏上的保存按钮，保存文件。

图 1-22　刀轨可视化

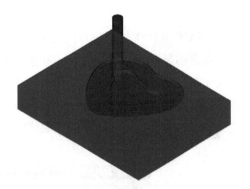

图 1-23　2D 动态仿真切削

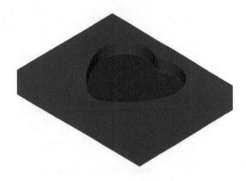

图 1-24　2D 动态仿真结果

【任务总结】

在本任务创建工序的过程中，使用了最基本的设置来完成一个工序创建的最基本步骤。在创建工序时及完成本任务时，需要注意以下几点：

1）工序创建时省略了很多选项的设置，这些选项将使用系统设定的默认参数。

2）创建工序时必须选择正确的几何体与刀具位置组，否则不能进行刀轨生成。使用父本组创建的几何体或者刀具时，在创建工序时允许进行编辑，但编辑将影响使用该几何体或刀具的所有工序。

3）在刀轨设置中，通常必须设置"步距"值与"切削深度"值，另外通常要在切削参数中设置余量与公差参数，设置主轴转速与切削进给率。

4）创建工序时需要"生成"才能创建刀轨，完成后单击"确定"按钮才能保留参数与刀轨，单击"取消"按钮将不保留任何设置与刀轨。

拓展知识　UG NX10 CAM 的用户界面

UG NX10 软件中的用户界面是采用功能区形式的，也就是将工具按功能进行分组显示，缩减了菜单的显示与工具条的显示数量，而旧版的 UG NX 软件则是将主菜单与大量的工具条显示出来，对于熟悉旧版本操作的用户，可以通过主菜单/首选项/用户界面，在用户界面环境中选择"经典工具条选项"，如图 1-25 所示。在这种方式下与传统的旧版本的软件操作更为类似，如要进入加工模块，要在工具条的"启动"按钮下选择"加工"。

图 1-25　用户界面首选项

练习与评价

【回顾总结】

本项目完成一个心形凹槽的数控加工编程，通过 2 个任务掌握 UG NX 软件加工模块应用的基础知识，图 1-26 所示为本项目总结的思维导图，左侧为知识点与技能点，右侧为项目实施的任务及关键点。

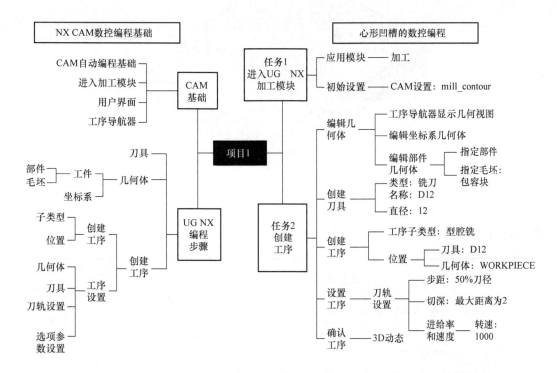

图 1-26　项目 1 总结

【思考练习】

1. CAM 的含义是什么？
2. UG NX 加工模块包括有哪些功能模块？
3. 进入 UG NX 加工模块时，铣削加工可以选择的 CAM 设置有哪几种？
4. 工序导航器分为哪几个视图？各有何应用？
5. 创建一个数控加工程序，在 UG NX 软件中有哪几个操作步骤？

扫描二维码进行测试，完成 12 个选择判断题。

【自测项目】

完成图 1-27 所示的凸模（E1. PRT）的数控加工程序创建。

具体工作包括：

1. 启动 UG NX，并打开模型文件，进入加工模块。
2. 创建工序并检验生成的刀轨。

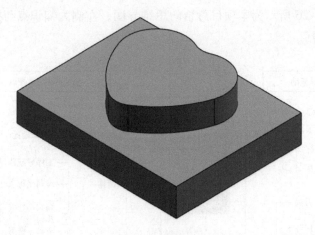

图 1-27 自测项目 1

【学习评价】

序号	评价内容	达成情况		
		优秀	合格	不合格
1	扫码完成基础知识测验题，测验成绩			
2	能正确选择要创建的 CAM 设置进入加工模块			
3	能正确创建简单的刀具			
4	能通过不同视图查看工序导航器			
5	能编辑几何体，并指定部件与毛坯			
6	能进行工序的 3D 动态确认			
7	能设置合理参数完成型腔铣工序创建			
	综合评价			

存在的主要问题：

项目 2

花形凹槽零件的数控编程

项目概述

本项目要求完成一个简单的花形凹槽零件（见图 2-1）的数控加工程序创建。这个零件的凹槽部分由 6 个椭圆形的"花瓣"组成，零件材料为铝合金，零件的 3D 模型已经设计完成，文件名称为 T2.prt，零件的精度与表面粗糙度要求不高。

要求应用 UG NX10 软件来创建这个零件的数控加工程序，同时要求通过这一项目学习掌握 UG NX 数控铣编程的一些基础知识。

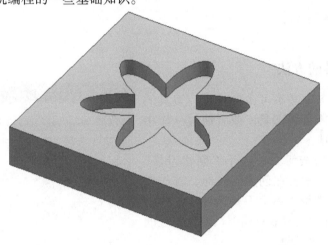

图 2-1　花形凹槽零件

学习目标

> ➤ 了解工序导航器的几种视图。
> ➤ 掌握几何体的几种类型。
> ➤ 能正确设置参数创建刀具。
> ➤ 能正确创建坐标系几何体与工件几何体。
> ➤ 能正确选择位置参数创建工序。
> ➤ 能进行工序的可视化刀轨确认。
> ➤ 能正确应用工序导航器选择工序。
> ➤ 能将工序通过后处理生成数控加工程序文件。

任务 2-1　创 建 刀 具

【学习目标】

➢ 了解 UG NX 中刀具的类型。

➢ 理解刀具各尺寸参数的含义。

➢ 能够正确选择刀具类型创建刀具。

➢ 能够正确设置刀具参数创建刀具。

【任务分析】

为了进行工序的创建，必须指定加工所用的刀具。可以在创建工序之前先将所要用到的刀具创建好。在创建刀具时必须指定正确的参数，而对于常用的刀具，可以从库中直接调用。

【知识链接　创建刀具】

2.1.1　创建刀具的方法

刀具是数控加工中必不可少的选项，刀具的创建可以通过从模板创建刀具，或者通过从库中调用刀具来创建刀具。

在工具栏上单击按钮，打开"创建刀具"对话框，如图 2-2 所示。在创建刀具时，首先要选择类型与刀具子类型，指定刀具名称后，单击"确定"按钮，打开刀具参数对话框，输入相应的参数后即完成了刀具的创建。

1. 类型

功能：选择模板，选择的模板将决定可以创建的刀具类型。

应用：根据实际创建的工序类型来选择模板，常用的有轮廓铣 mill_contour 与钻孔 drill，通常与创建工序一致。

2. 库

功能：从刀具库中调用已创建好的刀具。

应用：对于标准刀具，可以从库中调用；也可以将常用的刀具保存到库中，再从库中调用。

3. 刀具子类型

功能：在铣削加工模板中可以创建的铣刀有 6

图 2-2　创建铣削刀具

种，常用的铣刀有面铣刀、圆角铣刀与球头铣刀，另外选择类型为"drill"还可以创建钻头。在创建刀具时，还可以创建刀架与刀槽、转向刀头等夹具。

应用：球头铣刀是一种简化的面铣刀，它的下半径（R1）等于刀具直径（D）的一半。鼓形铣刀与T形铣刀由于标准化程序低，应用范围受限，因而很少用到。

4．位置

功能：指定父节点组。

应用：通常刀具的父节点组为机床，也可以选择刀头。

5．名称

功能：为新建的刀具指定名称。

应用：创建刀具时，应以能直观反映刀具特征的名称来命名。

2.1.2　铣刀参数

刀具参数设置用于指定刀具尺寸以及相关的管理信息。

创建刀具时，将显示相应的刀具参数对话框，选择不同类型的刀具其选项略有差别。5参数铣刀是数控铣削加工中绝大部分情况下所采用的刀具，其参数如图2-3所示。

1．尺寸

功能：指定刀具形状相关的尺寸值，通过尺寸指定可以确定刀具的类型与大小。

设置：尺寸相关选项包括有：

（1）直径　设定铣刀的直径。

（2）下半径　指定刀具的下拐角圆弧的半径。5参数铣刀的底圆角半径可以是"0"表示平刀；底圆角半径为刀具直径的一半，就是球刀；底圆角半径介于两者之间是圆角刀，俗称牛鼻刀。

（3）锥角　定义锥形刀具侧面的角度。该角度是从刀轴测量的。如果"锥角"为正，那么刀具的顶端宽于底端。如果"锥角"为负，那么刀具的底端宽于顶端。如果"锥角"为0，那么刀具面与刀轴平行。

（4）尖角　刀具顶端的角度。这是一个非负角度，如果"尖角"为正，那么刀具在最底端是一个尖锐点（就像圆锥的顶点）。

（5）长度　表示要创建的铣刀的实际高度。

图2-3　5参数铣刀的参数设置

（6）刀刃长度　是切削刃从开始到结束的测量距离。

（7）刀刃　指定切削刀具的刀刃数目（2、4、6等）。

应用：在刀具参数中，刀具直径 D、下半径 R1 是最重要的参数，也是数控铣削加工中最常用的参数设置。尖角 A、锥角 B 也将影响刀路轨迹的生成。而其他形状参数中的几何参数并不影响刀路的生成，但可以用于表示刀具的实际形状并可以判断是否会产生干涉。

2. 描述

功能：指定刀具管理信息。

设置：信息栏可以输入刀具的描述文本。系统将此描述与 ASCII 数据库中的刀具一同保存，以备后续调用时正确了解刀具信息。材料：为刀具选择一种材料，将一个材料属性作为用于确定进给和速度的其中一个参数指派给刀具。

应用：如果指定了刀具材料、部件材料、切削方法和切削深度并建立有相对应的数据库，"进给率和速度"对话框中的"从表格中重置"按钮就会使用这些参数来推荐从预定义表格中抽取的适当"表面速度"和"每齿进给量"值，并计算出主轴转速与切削进给。

3. 编号

功能：用于指定刀具补偿的相关信息，指定刀具号以及刀具补偿号。

设置：刀具号表示加载刀具的序号，对应于指令 T。

补偿寄存器指定刀具长度补偿的序号，输入的值在控制器内存中提供了刀具偏置坐标的位置，对应于 H 指令。

刀具补偿寄存器指定刀具半径补偿的序号，输入的值在控制器内存中提供了刀具半径补偿数值，对应于 D 指令。

应用：在使用加工中心加工，并有多把刀具参与加工过程时，一定要设置刀具号与长度补偿号，并且一定要与实际使用的刀具号一致。

【任务实施】

◆ **步骤1**　打开部件文件

启动 UG NX10 软件，打开文件名为 T2. prt 的部件文件，显示如图 2-4 所示。

◆ **步骤2**　进入加工模块

在工具条顶部单击"应用模块"选项卡，显示应用模块功能区，如图 2-5 所示。在工具条上单击"加工"按钮，弹出"加工环境"对话框，如图 2-6 所示。

◆ **步骤3**　加工环境初始化

在加工环境对话框中选择 CAM 设置为"mill_contour"，如图 2-6 所示，确定进行加工环境的初始化设置。

◆ **步骤4**　创建刀具

单击创建工具条上的创建刀具按钮。系统弹出"创建刀具"对话框，如图 2-7 所示，选择类型为面铣刀，并输入名称"T1 – D16"，单击"确定"按钮，打开铣刀参数对话框。

◆ **步骤5 指定刀具参数**

系统默认新建铣刀为 5 参数铣刀，如图 2-8 所示，设置刀具形状参数，设置刀具直径为 "16"，下半径为 "0. 8"，刀具号为 "1"。确定创建铣刀 "T1 – D16"。

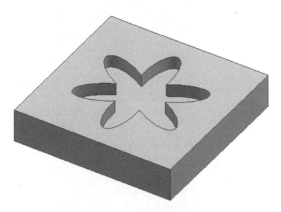

图 2-4 打开部件文件

图 2-5 进入加工模块

图 2-6 加工环境

【任务总结】

本任务是在分析加工要求确定所需的刀具后，进行刀具的创建。创建刀具需要注意以下几点：

1）创建刀具时，使用的刀具名称应该直观，并且按照一定的规范。

2）铣刀创建时，直径与下半径必须指定，对于加工中心上应用的，还必须指定编号。

3）对于有可能产生干涉的加工，在刀具创建时必须要按刀具的实际尺寸进行指定，并且创建对应的刀柄与夹持器。

4）可以将常用刀具存入到刀具库，以便在后续加工编程时可以快速调用。从库中调用刀具后需要为其指定刀具号。

图 2-7 创建刀具

图 2-8 设置刀具参数

任务 2-2 创建几何体

【学习目标】

> 了解几何体的类型。
> 掌握部件几何体的选择方法。
> 能够创建坐标系几何体。
> 能够创建工件几何体。
> 能够使用不同的毛坯几何体指定方法创建毛坯。

【任务分析】

坐标系几何体是保证编程时零件的方位与坐标系与机床上设置的工件坐标系一致，因此必须要进行设置。

工件几何体则反应零件完成时的形状与初始的毛坯形状，也是加工必不可少的。本任务需要创建零件的坐标系几何体与工件几何体。

【知识链接 创建几何体】

创建几何体主要是在零件上定义要加工的几何体对象和指定零件在机床上的加工方位。

创建几何体包括定义加工坐标系、工件、边界和切削区域等。在创建工具条中选择"创建几何体"按钮  ，弹出如图2-9所示的"创建几何体"对话框。选择几何体子类型后单击"确定"按钮，打开具体几何体创建对话框。

1. 几何体子类型

功能：在轮廓铣加工模板"mill_contour"中可以创建的几何体类型有6种，包括机床坐标系MCS、工件几何体、修剪边界几何体、铣削区域几何体、铣削几何体与文本几何体。

应用：可以根据需要创建几何体，并且可以同时创建多个同一类型的几何体。以坐标系几何体与工件几何体最为常用。

2. 位置

功能：指定父节点组，当前组将继承父节点组的参数。

应用：如创建工件几何体时，需要引用机床坐标系设置，应该选择正确的位置几何体。

图2-9 "创建几何体"对话框

3. 名称

功能：为新建的几何体指定名称。

应用：创建几何体，指定的名称应该可以方便在创建工序时引用。

创建几何体建立的几何体对象，可指定为相关工序的加工对象。在各加工类型的工序对话框中，也可以指定工序的加工对象，在工序对话框中指定的加工对象，只能为本工序使用，而用创建几何体创建的几何体对象，可以在多个工序中的使用，不需要在各工序中分别指定。

大多数工序模板下者默认创建有坐标系几何体MCS和工件几何体，可以通过修改系统默认创建几何体来确定所需的几何体。

2.2.1 坐标系几何体

加工坐标系是所有后续刀具轨迹各坐标点的基准位置。在刀路轨迹中，所有坐标点的坐标值与加工坐标关联，如果移动加工坐标系，则重新确立了后续刀具轨迹输出坐标点的基准位置。

加工坐标系的坐标轴用XM、YM、ZM表示。其中ZM特别重要，如果不另外指定刀轴矢量方向，则ZM轴为默认的刀轴矢量方向。

建立加工坐标系时，先在创建几何体对话框中选择子类型为"坐标系"按钮 ，并输入名称，确定后将弹出如图2-10所示的"MCS"对话框。

1. 机床坐标系

功能：指定MCS坐标系，该坐标系将作机床坐标系。

设置：可以使用各种用户坐标系（WCS）的创建方法来创建MCS坐标系，也可以单击按钮 ，弹出CSYS对话框来创建坐标系，如图2-11所示。

应用：机床坐标系应该与实际加工中工件在机床上的放置方向一致，为方便对刀，通常将模具零件的坐标原点设置在顶面的中点。

图 2-10　创建机床坐标系

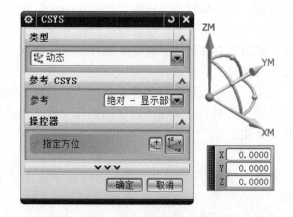

图 2-11　创建坐标系 MCS

2. 参考坐标系

功能：将工序从部件的一个部分移动到另一个部分时，使用参考坐标系（RCS）来重新定位非建模几何参数（即刀轴矢量、安全平面等）。

设置：在对话框中打开"链接 MCS 与 RCS"选项时，则参考坐标系与加工坐标系的位置和方向相同。否则可以指定一个坐标系作为参考坐标系。

应用：在将工序从一个定向组移到另一定向组，或进行变换工序，或从模板创建工序时，就需要重新定位非建模几何参数，可检索和映射已存储的参数，而不必重新指定这类参数。

3. 安全设置

功能：安全设置选项用于指定安全平面位置，在创建工序中的非切削移动中，将可以选择使用安全设置选项。

设置：安全设置选项如图 2-12 所示，在 3 轴编程中通常使用以下几种：

（1）使用继承的　将使用上级组参数的设置。

（2）无　将不使用安全设置。

（3）自动平面　直接指定安全距离值，此时需要在下方输入安全距离值。

（4）平面　指定一个平面为安全平面。选择"平面"选项后，选择一个表面或者直接选择基准面作为参考平面。完成设置后单击"确定"，完成安全平面的指定，此时在图形上将以虚线形式显示安全平面位置，如图 2-13 所示。

应用：安全设置选项设置为"使用继承的"时，要有上级的坐标系几何体，并进行了安全设置。设置为"自动平面"将沿刀轴矢量方向偏移指定距离，是一种相对坐标的方式，其高度位置是相对于刀具轨迹的端点位置。使用"平面"方式指定的安全设置选项是一个绝对值，每次抬刀均到这一高度。

图 2-12　安全设置选项

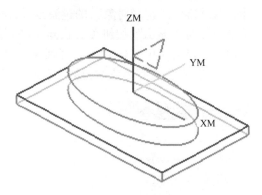

图 2-13　显示安全平面

4. 下限平面

功能：下限平面选项用于指定刀具最低可以达到的范围。

设置：其选项有"无"不设定下限，也可以选择"平面"指定一平面为下限位置。

应用：在零件需要加工的范围以下有曲面存在时，可以指定下限平面；另外，在深腔加工中，因刀具长度不足，也可以设置下限平面。

5. 避让

功能：避让用于定义刀具轨迹开始以前和切削以后的非切削运动的位置。

设置：避让包括以下 4 个类型的点，可以用点构造器来定义点。

（1）出发点　用于定义新的刀位轨迹开始段的初始刀具位置。

（2）起点　定义刀具轨迹起始位置，这个起始位置可以用于避让夹具或避免产生碰撞。

（3）返回点　定义刀具在切削程序终止时，刀具从零件上移到的位置。

（4）回零点　定义最终刀具位置，往往设为与出发点位置重合。

应用：在大型零件加工中，刀具必须在指定的范围内运动，才不会发生刀具及其夹持器与零件及夹具的干涉，此时可以通过指定出发点、起点、返回点、回零点来指定切削前和切削后的运动轨迹。

2.2.2　工件几何体

在平面铣和型腔铣中，工件几何体用于定义加工时的零件几何体、毛坯几何体和检查几何体。在创建几何体对话框中，铣削几何体图标（Mill Geometry）和工件图标（Workpice）的功能相同，两者都通过在模型上选择体、面、曲线和切削区域来定义零件几何体、毛坯几何体和检查几何体，还可以定义零件的偏置厚度、材料和存储当前视图布局与层。

在创建几何体对话框中选择"工件"按钮，单击"确定"按钮，系统弹出如图 2-14 所示的"工件"对话框。对话框最上方三个图标分别用于定义部件几何体、毛坯几何体和检查几何体。

1. 指定部件

功能：部件定义的是加工完成后的零件，即最终的零件。它控制刀具的切削深度和活动范围，可以选择特征、几何体（实体、面、曲线）和小面模型来定义零件几何体。

设置：单击按钮可以在如图 2-15 所示的"部件几何体"对话框中，选择或编辑部件几何体，通过指定"选择对象"的过滤方式，在绘图区中选择对象定义几何零件。

单击后方的"显示"按钮，已定义的几何体对象将以高亮度显示。

应用：创建工件几何体时，部件通常都需要选择，并且在大部分情况下，可以采用"全选"的方法选择所有体或面为加工对象。

图 2-14　创建几何体

图 2-15　部件几何体

2. 指定毛坯

功能：毛坯是将要加工的原材料，可以用特征、几何体（实体、面、曲线）定义毛坯几何体。在型腔铣中，零件几何体和毛坯几何体共同决定了加工刀具轨迹的范围。

设置：单击按钮可以选择或编辑毛坯几何体，毛坯几何体除了选择几何图形以外，还可以通过"包容块"或"部件的偏置"等多种方式来设置。

应用：对于标准的方块毛坯，通常使用"自动块"方式定义毛坯；对于铸件或锻件等毛坯周边余量比较均匀，则可以通过"部件的偏置"来创建毛坯几何体。如果是有特定形状的毛坯，则可以选择创建的对象确定与实际相符的毛坯形状。

3. 指定检查

功能：检查几何体是刀具在切削过程中要避让的几何体。

设置：单击按钮可以选择或编辑检查几何体。检查几何体可以选择体或面、曲线。

应用：对于夹具体可以指定为检查几何体，另外也可以将不希望加工的需要保护的曲面指定为检查几何体。

4. 部件偏置

功能：在零件实体模型上增加或减去由偏置量指定的厚度。正的偏置值在零件上增加指定的厚度，负的偏置值在零件上减去指定的厚度。

应用：设置部件偏置值可以对零件的大小做微调。

2.2.2.1　指定部件

为加工工序指定部件几何体，可以通过不同的选择方式进行部件的选择。单击指定部件图标将打开"部件几何体"对话框，如图 2-16 所示。

UG NX8 以后的版本中，在选择时可通过指定过滤方法，而在以前的版本中，则直接在对话框中指定选择选项，再在绘图区用拾取的方法来选择所需要几何体。

在 UG NX8 以后的版本中还增加了一个添加新集的功能，选择添加新集，可以选择第二组的对象，第二组对象可以设置与第一组对象不同的偏置值。

2.2.2.2　指定毛坯

为加工工序指定毛坯，毛坯将确定型腔铣的加工范围，另外毛坯在动态的可视化刀具轨迹仿真中也是必需的。

可以通过选择几何体的方式进行毛坯的定义，选择方法与部件几何体相同。另外，还可以其他方式来创建毛坯几何体，如图 2-17 所示。

1. 部件的偏置

功能：使用部件的偏置方式创建毛坯，将部件几何体的表面进行偏置指定的值产生一个毛坯。

设置：直接指定偏置值，即确定了毛坯，如图 2-18 所示。

应用：对于铸件毛坯，或者直接创建固定轮廓铣工序的毛坯，应用部件的偏置方式可以生成合适的毛坯。

图 2-16　部件几何体

图 2-17　毛坯几何体

图 2-18　部件的偏置

2. 包容块

功能：使用包容块方式创建毛坯，将以一个包容盒包容所有部件几何体，并可以在各个方式进行扩展。

设置：系统以部件几何体的边界创建一个包容盒，如图 2-19 所示，可以在下方指定各个方向的扩展值或者直接拖动图形上的箭头来调整包容盒的大小。

应用：对于大部分的模具零件而言，其毛坯是标准的立方块，可以采用"包容块"的方式指定毛坯。如果需要对顶面进行加工时，可以将"ZM +"设置大于 0 的数。

3. 包容圆柱体

功能：与包容块类似，以一个圆柱体包容所有部件几何体，并可以在各个方向进行扩展。

设置：如图 2-20 所示创建圆柱体的毛坯，可以指定其轴向，也可以调整其大小与位置。

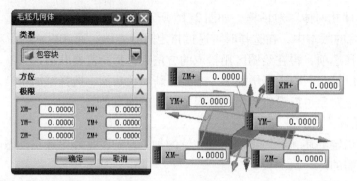

图 2-19　包容块

应用：对于圆柱形毛坯而言，采用"包容圆柱体"创建的毛坯符合实际形状。

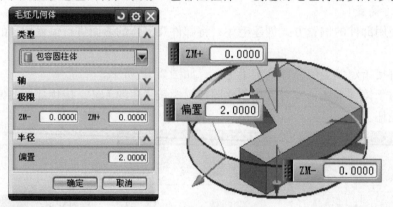

图 2-20　包容圆柱体

4. 部件轮廓与部件凸包

功能：以部件轮廓进行水平方向的偏置，Z 方向的极限通过直接指定来创建毛坯。

设置：如图 2-21 所示为采用部件轮廓方式创建的毛坯，可以指定偏置值的大小与 Z 向的扩展值。部件凸包方式将轮廓的局部进行简化，如图 2-22 所示。

应用：对于水平方向边界不规则，而 Z 向确定的零件毛坯，可以采用"部件轮廓"或者简化轮廓方式来创建毛坯。

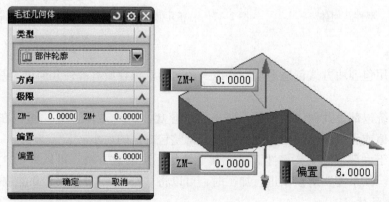

图 2-21　部件轮廓

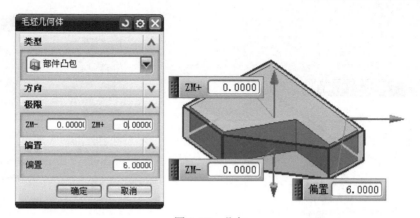

图 2-22　凸包

5. IPW 处理中的工件

功能：IPW – 处理中的工件以一个加工的过程毛坯 IPW 文件作为毛坯。

设置：选择类型为"IPW – 处理中的工件"，需要选择 IPW 源，该源文件将包括了部件文件与几何体信息。

应用：对于粗加工过的零件，可以使用这一方式来生成毛坯。在实际应用中，可以在仿真加工后将 IPW 毛坯保存作为后续加工的毛坯。

【任务实施】

◆ **步骤6**　创建坐标系几何体

单击创建工具栏中的"创建几何体"按钮，打开"创建几何体"对话框，如图 2-23 所示。选择子类型为"MCS"，输入名称为"MCS_ZM"，单击"确定"按钮进行坐标系几何体创建。

◆ **步骤7**　指定安全距离

系统将打开"MCS"对话框，如图 2-24 所示。在图形区可以看到，机床坐标系原点在零件顶面的中点位置。指定安全设置选项为"自动平面"，设置安全距离为"50"。

◆ **步骤8**　创建工件几何体

再次单击"创建"工具栏中的"创建几何体"按钮，系统将打开"创建几何体"对话框，如图 2-25 所示。选择几何体子类型为"工件几何体"，位置几何体为"MCS_ZM"选项，名称为"WORKPIECE_ZM"，再单击"确定"按钮，打开"工件"对话框。

◆ **步骤9**　指定部件

在如图 2-26 所示的"工件"对话框中上方选择"指定部件"图标，系统弹出如图 2-27所示的"部件几何体"对话框，在绘图区选择实体，实体将改变颜色显示表示已经选中为加工几何体，如图 2-28 所示。单击"确定"按钮，完成部件几何体的选择，返回"工件"对话框。

◆ **步骤10**　指定毛坯

在"工件"对话框上单击"指定毛坯"按钮，系统弹出"毛坯几何体"对话框，选择类型为"包容块"，如图 2-29 所示，在图形上预览的毛坯如图 2-30 所示。确定完成毛坯几何体的指定，返回工件对话框。单击"确定"按钮，完成几何体"WORKPIECE_ZM"的创建。

图 2-23 创建几何体

图 2-24 MCS 设置

图 2-25 创建几何体

图 2-26 工件几何体

图 2-27 部件几何体

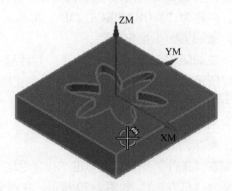

图 2-28 选中的部件几何体

图 2-29　毛坯几何体

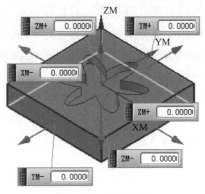

图 2-30　创建毛坯

【任务总结】

为方便工序的创建，通常都需要创建几何体，创建几何体时需要注意以下几点：

1）创建坐标系几何体时，一定要与工件最终放置在机床上的方位一致，并且方便对刀。

2）创建工件几何体时，部件通常以全选的方式，毛坯则按实际选择立方块或者特定的形状，在创建工序时还可以指定切削区域。

3）创建几何体时，必须选择正确的"位置"，指定继承的父本组参数，在创建完成后，可以在工序导航器进行检查。

4）本任务中使用"包容块"方式来指定工件几何体的毛坯。

5）在创建工序过程中，也可以进行所需的工件几何体指定，但不能进行坐标系几何体的创建。另外某些几何体创建方法并不能包含在创建工序时的指定几何体功能中，如毛坯几何体只能选择，不能使用"包容块"等方法指定毛坯。

6）在 UG NX7 以前的版本中，部件的选择中将显示一个对话框来定义过滤方式，在 UG NX8 以后的版本中的选择方式则与建模方式相同。

任务 2-3　创 建 工 序

【学习目标】

> 了解创建工序的过程。
> 能够正确选择组选项创建工序。
> 能够完成一个工序的创建。

【任务分析】

本任务要创建零件加工的工序，在创建工序时需要正确选择前面设置的几何体与刀具。

【知识链接　创建工序】

创建工序是 UG NX 软件编程中的核心操作内容。可以通过从模板中选择不同的工序类型，选择程序、几何体、刀具和方法位置组，再进行工序参数的设置来生成刀具轨迹。

单击工具条上的"创建工序"按钮 ，系统打开"创建工序"对话框。如图 2-31 所示，选择类型和工序子类型，再选择程序、刀具、几何体和方法位置组，并指定工序的名称，确认各选项后单击"确定"按钮，将打开对应子类型的工序对话框。

创建工序时，主要的工作是对工序对话框中各个选项的指定。选择不同的工序子类型，所需设定的工序参数也有所不同，同时也存在很多的共同选项，如图 2-32 所示为"型腔铣"工序对话框。

图 2-31　创建工序

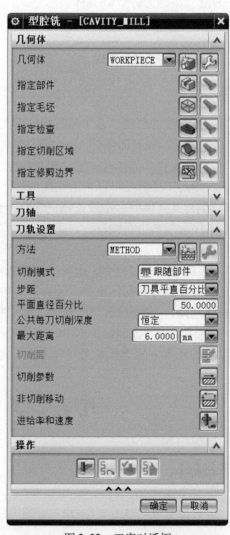

图 2-32　工序对话框

工序对话框是创建工序中的主要工作界面，对话框中将完成一个工序所需的参数与操作选项进行了分组，单击组名称可以展开或者折叠这一个组。不同的工序子类型显示的组有所不同，常用的有：几何体、工具、刀轴、刀轨设置、机床控制、程序、选项、操作。

工序参数的设定是 UG NX 软件编程中最主要的工作内容，通常可以按工序对话框从上到下的顺序进行设置。

（1）指定几何体　包括选择几何体组以及指定部件几何体、检查几何体、毛坯几何体、修剪边界几何体、切削区域几何体来确定加工对象。

（2）选择刀具　通过选择或者新建指定加工工序所用的刀具。

（3）刀轨设置　在工序对话框中可以直接进行常用参数的设置，包括切削模式的选择、步距与公共每刀切削深度的设置等。另外，还有选项设置：包括切削层、切削参数、非切削移动、进给率和速度，这些选项将打开一个新的对话框进行参数设置。

（4）驱动方法参数设置　如果创建固定轴曲面轮廓铣，选择驱动方法后，再选择驱动几何体并设置驱动参数。

（5）其他选项设置　如刀轴、机床控制等选项，在创建 3 轴的数控加工程序时，这些选项通常可以使用默认设置。

完成所有的参数设置后，在对话框的底部单击"生成"按钮 ，计算生成刀具轨迹。生成刀具轨迹后，可以单击"重播"按钮 进行重播或者单击"确认"按钮 进行可视化刀具轨迹检验。如果对生成的刀具轨迹不满意，可以在工序对话框中进行参数的修改，再次生成刀具轨迹和检视，直到生成一个合格的刀具轨迹。最后单击"确定"按钮，接受工序并关闭工序对话框。

【任务实施】

◆ 步骤 11　创建型腔铣工序

单击"创建"工具条上的"创建工序"按钮 ，在"创建工序"对话框中选择工序子类型为"型腔铣" ，指定程序刀具为"T1 - D16"，几何体为"WORKPIECE_ZM"等各个组选项，如图 2-33 所示。确认选项后单击"确定"按钮，开始型腔铣工序的创建。

◆ 步骤 12　确认几何体与刀具

打开"型腔铣"工序对话框，显示几何体与刀具部分如图 2-34 所示。单击"显示"按钮 可以查看当前的部件几何体与毛坯几何体。在刀具后单击按钮 刀具，可编辑/显示刀具参数。

◆ 步骤 13　刀轨设置

在"型腔铣"工序对话框中展开刀轨设置，进行参数设置，设置公共每刀切削深度为"恒定"值，最大距离为"3"，如图 2-35 所示。

单击"进给率和速度"按钮 ，则弹出如图 2-36 所示的"进给率和速度"对话框，设置主轴转速为"600"，切削进给率为"250"。再单击鼠标中键返回"型腔铣"工序对话框。

◆ 步骤 14　生成刀具轨迹

在"型腔铣"工序对话框中单击"生成"按钮 ，计算生成刀具轨迹。在计算完成后，显示刀具轨迹如图 2-37 所示。

图 2-33　创建工序

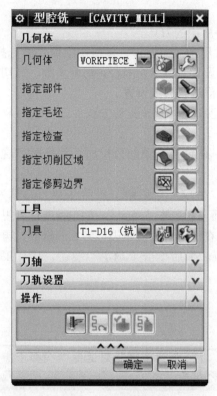

图 2-34　型腔铣

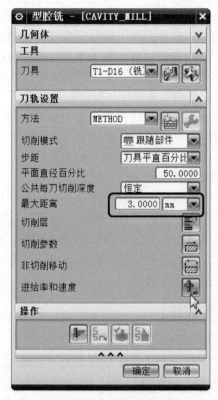

图 2-35　刀轨设置

图 2-36　设置进给参数

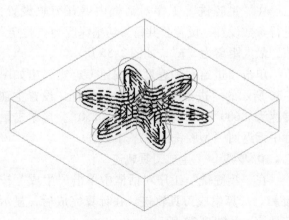

图 2-37　生成的刀轨

◆ 步骤 15　确定工序

检视刀具轨迹，确认正确后单击"型腔铣"工序对话框底部的"确定"按钮，接受刀具轨迹并关闭"型腔铣"工序对话框。

【任务总结】

创建工序是数控编程的核心工作，在本例中，大部分选项使用了默认的参数，因而创建工序较为简便。创建工序需要注意：

1）在创建工序时需要选择正确的"位置"，这些父本组中的参数将直接应用于工序。对于选择错误的组，如几何体、刀具、方法，在工序对话框中可以进行重新选择。

2）创建工序时，步距与公共每刀切削深度值通常是必须设置的。

3）在生成刀具轨迹时，有时会显示警告信息，如果检视刀具轨迹没有问题，可以不予理会。

任务 2-4　工序检验与后处理

【学习目标】

> 了解刀具轨迹检验的几种方法。
> 了解工序导航器的视图。
> 能够正确使用确认工具检验刀具轨迹。
> 能够将工序后置处理生成 NC 代码文件。

【任务分析】

对于前一任务创建的工序进行检验，确认正确后再输出一个 NC 文件。

【知识链接　刀轨操作】

2.4.1　操作

工序对话框的底部，有操作参数组。其功能包括生成、重播、确认和列表操作，如图 2-38 所示。

1. 生成

功能：工序参数设置完整后或者经过修改后，可以进行刀具轨迹的生成，选择工序对话框底部的生成按钮，系统将开始计算，计算完成后将在屏幕上显示刀具轨迹。

图 2-38　工序对话框的应用图标

应用：工序生成刀具轨迹后，并不会立即关闭，还可以进行参数的修改，修改后需要再次生成。单击"确定"才会关闭工序对话框，此后如果要修改参数，可以通过工序导航器中的编辑功能。

2. 重播

功能： 重播用于检查确认刀具轨迹，选择重播按钮 🖳，系统将在图形上重播生成的刀具轨迹。可以选择不同的视角，进行重播来确认刀具轨迹。

应用： 进行刷新或者全屏显示后，刀具轨迹将不再显示在屏幕上，而通过动态转换视角的方式，刀具轨迹将保持显示。

3. 确认

功能： 确认是一种更强大的刀具轨迹检视方式，它将考虑刀具与夹具，并可以用实体仿真切削的方法进行模拟。

单击"确认"按钮 🖳，系统将打开一个如图 2-39 所示的"刀轨可视化"对话框，在中间可以选择重播、3D 动态、2D 动态三种不同方式可视化检视方式，并通过底部的按钮进行播放、单步前进等播放控制。

图 2-39 刀轨可视化

a) 重播 b) 3D 动态 c) 2D 动态

重播方式验证是沿一条或几条刀具轨迹显示刀具的运动过程。在验证过程中可以对刀具运动进行控制，并在回放过程中显示刀具的运动。另外，可以在刀具轨迹单节（刀位点）

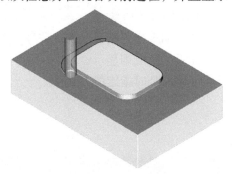

列表中直接指定开始重播的刀位点。

2D 动态显示刀具切削过程，2D 动态模式将刀具显示为着色的实体，显示刀具沿刀具轨迹切除工件材料的过程。它以三维实体方式仿真刀具的切削过程，非常直观。图 2-40 所示为 2D 动态示例。

3D 动态模拟刀具对毛坯切削运动的过程，与 2D 动态相似。但 3D 动态可以在模拟时，可以从任意方位观看切削过程，并且显示毛坯与零件状态，图 2-41 所示为 3D 动态示例。

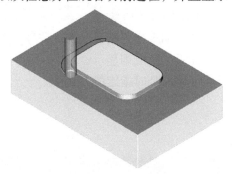

图 2-40　2D 动态　　　　　　　　　　　图 2-41　3D 动态

4. 列表

功能：选择列表方式将以信息框的形式显示刀具轨迹的刀位源文件，文件中将显示每一个步骤的终点坐标及运动方式，如图 2-42 所示。

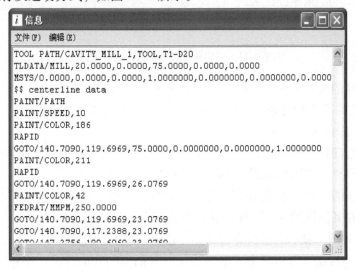

图 2-42　列表示例

2.4.2　工序导航器

工序导航器是让用户管理当前零件的工序及工序参数的一个树形界面，以图示的方式表示出工序与组之间的关系，选择不同的视图将以不同的组织方式显示组对象与工序。

工序导航器具有四个用来创建和管理 NC 程序的分级视图。每个视图都根据其视图主题来组织相同的工序集合：程序内的工序顺序、使用的刀具、加工的几何体或使用的加工方法。

单击屏幕左侧的"工序导航器"按钮，将显示工序导航器，工序导航器在鼠标离开时会自动隐藏，如需固定显示，单击导航器左侧的按钮，并激活"销住"，使工序导航器保持显示。工序导航器显示的右边界以及每一列的宽度可以通过拖动边缘进行调整。

工序导航器中显示工序的相关信息，并以不同的标记表示其工序状态，如图 2-43 所示为程序顺序视图显示的工序导航器。

在程序顺序视图中，每个工序名称的后面显示了该工序的相关信息。

（1）换刀　显示该工序相对于前一工序是否更换刀具，如果换刀则显示刀具符号。

（2）刀轨　显示该工序对应的刀具轨迹是否生成，如果已生成则显示"✔"。

（3）刀具　刀具显示所使用的刀具名称，刀具号为创建刀具时指定的刀具号。

（4）时间　显示该工序的预估加工时间。

（5）几何体　显示该工序所属的几何体组。

（6）方法　显示该工序所属的加工方法的名称。

名称	换刀	刀轨	刀具	刀具号	时间	几何体	方法
NC_PROGRAM					00:55:18		
未用项					00:00:00		
PROGRAM					00:19:11		
CAVITY_MILL	▮	✔	T1-D16	1	00:18:59	WORKPIECE_ZM	METHOD
FIXED_CONTOUR		✕	----	0	00:00:00	WORKPIECE	METHOD
ZLEVEL_PROFILE		✔	T1-D16	1	00:36:07	WORKPIECE_ZM	METHOD

图 2-43　工序导航器 – 程序顺序视图

在工序导航器的所有视图中，每一个工序前都有表示其状态的符号。⊘ 表示需要重新生成刀具轨迹；需要重新后处理；✔ 表示刀轨已经生成并输出。

1. 工序导航器视图

工序导航器有四种形式显示，分别为程序顺序视图、机床视图、几何体视图和加工方法视图，使用在工具栏上的图标可以切换视图。

（1）程序顺序视图　将按程序分组显示工序。工序在输出时将按照其在程序顺序中的顺序输出，而在其他视图中的工序位置并不表示输出后的加工顺序。

（2）机床视图　显示当前所有刀具，并在创建过工序的刀具下显示工序。

（3）几何体视图　以树形方式显示当前所有创建的几何体，工序显示在创建时选择的几何体组之下。

（4）加工方法视图　显示根据其加工方法（粗加工、精加工、半精加工）分组在一起的工序。

2. 工序操作

在工序导航器中可以进行刀具轨迹的生成、确认、列出、后处理等各种针对刀具轨迹的操作，如图 2-44 所示为工序操作工具条，该工具条的工具只有在选择工序后才亮显。与工序对话框中操作组中的对应选项相同，但通过工序导航器可以对选择的多个对象进行操作。

图 2-44　工序操作工具条

对于未生成的刀具轨迹或者更改了参数选项、改变了父节点组的工序，可以在选择工序后，单击工具条上的"生成刀轨"按钮，运算生成刀具轨迹。在一个刀具轨迹生成完成后，单击"确定"按钮将进行下一个工序的刀具轨迹生成。对于已生成的刀具轨迹的多个工序，可同时选择进行连续的加工模拟。

2.4.3　后处理

CAM 过程的最终目的是生成一个数控机床可以识别的代码程序。数控机床的所有运动和工序是执行特定的数控指令的结果，完成一个零件的数控加工一般需要连续执行一连串的数控指令，即数控程序。UG NX 生成刀具轨迹产生的是刀位文件 CLSF 文件（即列表显示的信息），需要将其转化成 NC 文件，成为数控机床可以识别的 G 代码文件。UG NX 软件通过UG/POST，将产生的刀具轨迹转换成指定的机床控制系统所能接收的加工指令。

在工序导航器的程序视图中，选择已生成刀具轨迹的一个或多个工序，在工具条上单击"后处理"按钮，系统打开后处理对话框，如图 2-45 所示。各选项说明如下：

（1）后处理器　从中选择一个后置处理的机床配置文件。因为不同厂商生产的数控机床其控制参数不同，必须选择对应的机床配置文件。

（2）输出文件　指定后置处理输出程序的文件名称、路径以及输出文件的后缀。

（3）设置单位　该选项设置输出单位，可选择米制或英制单位。

（4）列出输出　激活该选项，在完成后处理后，将在屏幕上显示生成的程序文件。

完成各项设定后，单击"确定"按钮，系统进行后处理运算，生成程序指定路径的文件名的程序文件。如图 2-46 所示为某程序的示例。

在进行后处理前，必须确认所使用的后处理器是与所用的机床控制器是相对应的，否则输出的程序可能不能正确地在数控机床上运用。

图 2-45　后处理

【任务实施】

◆　步骤 16　重播刀具轨迹

将视图方向调整为俯视图，单击重播按钮，在图形区检视刀具轨迹，如图 2-47 所示。

◆ 步骤17 确认刀具轨迹

将视图方向调整为正等测视图，单击"确认"按钮 ，系统打开"刀轨可视化"对话框。

在中间选择"2D动态"，再单击下方的"播放"按钮 ，在图形上将进行实体切削仿真，如图2-48所示为仿真过程。仿真结束后确定关闭刀轨可视化对话框。

◆ 步骤18 确定工序

确认刀具轨迹后，单击工序对话框底部的"确定"按钮，接受刀轨并关闭工序对话框。

◆ 步骤19 显示工序导航器

单击按钮 ，显示工序导航器的程序顺序视图，选择工序"CAVITY_MILL"，如图2-49所示。

图2-46 程序文件

图2-47 重播刀具轨迹

图2-48 仿真切削

图2-49 工序导航器

◆ 步骤20 后置处理

在工具条上单击"后处理"按钮 ，系统打开"后处理"对话框，如图2-50所示进行设置，单击"确定"按钮开始后处理。

完成后处理将生成一个程序文件，并在屏幕上显示程序代码，如图2-51所示。

◆ 步骤21 保存文件

单击工具栏上的"保存"按钮，保存文件。

【任务总结】

对于生成的刀具轨迹必须进行检视，以确定刀具轨迹的正确性，确认正确后，再进行后处理生成 NC 代码文件。在完成进行检验与后处理时，需要注意以下几点：

1）采用重播方式是最基本的检视刀轨的方法，能够从不同视角可以查看到刀轨的外边界是否有明显切削到需要的区域以外的。

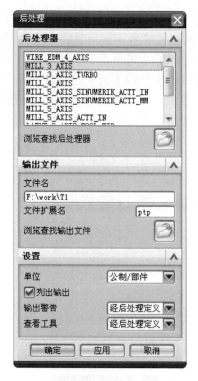

图 2-50　后处理

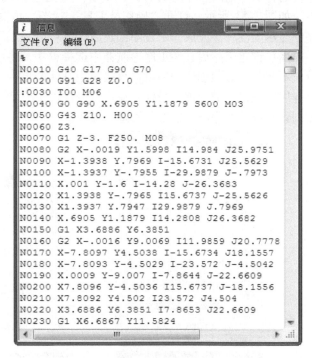

图 2-51　数控程序

2）采用 2D 动态的刀轨可视化检验是一种比较直观的方法，但由于其在仿真过程中以及仿真结束后都不能通过调整视角与缩放来进行检视，因此，在开始动态仿真之前必须确定合适的视角方向。

3）在工序导航器中，可以通过按住 CTRL 键来选择多个工序，对选择的多个工序可以进行重播、确认、后处理等操作。

4）进行后处理时，应选择正确的后处理器，在程序命名时，应命名为一个便于记忆，同时便于机床操作人员识别的按约定规范命名的程序名。

5）后处理在屏幕上显示的信息并不是真正的 NC 代码文件，它只显示了 NC 代码。

6）后处理生成的 NC 文件（.ptp 文件）是一个文本文件，可以用记事本等编辑工具进行局部修改。

拓展知识　创建程序

程序用于组织加工工序的排列及各工序在程序中的次序。当工序数量较多时，可以通过程序进行分组管理。

在创建工具条上单击"创建程序"按钮，或者在菜单上单击"插入"→"程序"，系统将弹出如图 2-52 所示的"创建程序"对话框。

设置：对话框中，"类型"表示模板文件，子类型是模板文件中已经创建的程序。位置中可以选择上层程序组，当前程序将置于位置程序之下。

在名称框中输入程序组的名称，单击"确定"按钮创建一个程序，随后可以指定开始事件，如图 2-53 所示，打开"操作员消息"状态，再输入相关信息，该信息将在后处理的程序中显示为注释。完成一个程序创建后，将可以在工序导航器中进行查看。

应用：创建工序后，在工序导航器中选择程序，将可以选中该程序组中的所有工序。工序数量不多时，无须创建程序组，直接使用默认的单一程序组；工序数量较多时，应该创建多个程序组进行分类管理。另外，在进行分次加工或者在使用几个不同坐标系几何体时，也应该创建对应的程序组，以方便管理和操作。

图 2-52　创建程序　　　　　　　　　　图 2-53　程序开始事件

接下来创建一个程序 ZM，并将工序放入该程序组中。

◆ **步骤 22**　创建程序 ZM

在主菜单单击"插入"→"程序"，系统将弹出如图 2-54 所示的"创建程序"对话框，输入名称为"ZM"。确定创建正面加工工序的程序组 ZM，打开"操作员消息 状态"，并输入操作员消息"MILL－TOP"，如图 2-55 所示。

◆ **步骤 23**　显示工序导航器

单击按钮 ，显示工序导航器的程序顺序视图，选择工序"CAVITY_MILL"，并将其拖入到程序"ZM"，如图 2-56 所示。

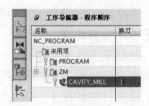

图 2-54　创建程序　　　　图 2-55　输入操作员消息　　　图 2-56　将工序拖入程序组

练习与评价

【回顾总结】

本项目完成一个花形凹槽的数控加工编程，通过 4 个任务掌握 UG NX 软件编程中父本组创建的相关知识与技能。图 2-57 所示为本项目总结的思维导图，左侧为知识点与技能点，右侧为项目实施的任务及关键点。

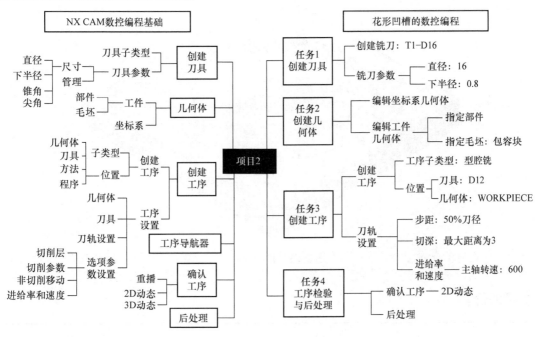

图 2-57　项目 2 总结

【思考练习】

1. 创建刀具时，有哪几种铣削加工应用的子类型？
2. 刀具参数中，哪几个参数会影响刀轨？
3. 坐标系几何体有何作用？
4. 指定毛坯有哪几种常用方法？分别适用于哪种工件？
5. 刀轨确认有何作用？
6. 创建工序时要指定哪几个位置组？

扫描二维码进行测试，
完成 20 个选择判断题。

【自测项目】

完成图 2-58 所示凸模（E2. PRT）的数控加工程序创建。
具体任务包括：

1. 编辑坐标系几何体，要求将坐标系原点置于零件顶面中心。

2. 编辑工件几何体，毛坯为立方体。

3. 创建直径为 32mm，下半径为 6mm 的刀具 T1 – D32R6。

4. 创建直径为 20mm 的平底刀 T2 – D20。

5. 创建粗加工工序。

6. 创建精加工工序。

7. 检验生成的刀轨。

8. 对粗加工工序与精加工工序分别后处理并生成数控加工程序文件。

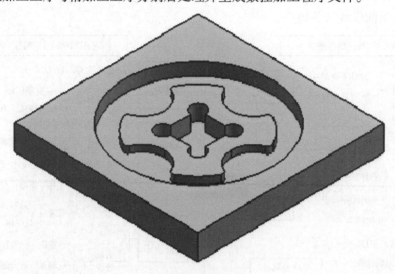

图 2-58　自测项目 2

【学习评价】

序号	评价内容	达成情况		
		优秀	合格	不合格
1	扫码完成基础知识测验题，测验成绩			
2	能正确指定方向与原点创建坐标系几何体			
3	能使用合理的方法指定部件与毛坯			
4	能正确设置参数创建刀具			
5	能正确选择位置组创建工序			
6	能正确使用工序导航器管理工序等对象			
7	能设置合理参数完成粗加工型腔铣工序创建			
8	能正确使用3D动态可视化方式进行工序确认			
9	能正确选择后处理器进行工序的后处理			
	综合评价			

存在的主要问题：

项目 **3**

工具箱盖凸模的数控编程

项目概述

本项目要求完成工具箱盖凸模（见图 3-1）的数控加工编程。零件材料为 H13 模具钢，毛坯为锻件，文件名称为 T3. prt。

这个零件为典型的凸模零件，零件侧面有拔模斜度，都是比较陡峭的侧壁。对零件要进行粗加工与精加工，精加工包括侧面精加工与底面精加工。通过本项目学习，掌握 UG NX 软件编程中型腔铣工序的创建与应用。

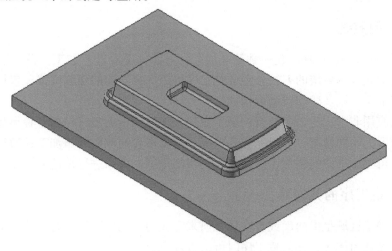

图 3-1　工具箱盖凸模

学习目标

➢ 掌握型腔铣的特点与应用。
➢ 掌握型腔铣的几何体类型及其选择方法。
➢ 掌握切削层的设置方法。
➢ 掌握切削参数的选项设置。
➢ 掌握非切削移动的选项设置。
➢ 掌握进给率和速度的选项设置。
➢ 能够正确创建复杂零件的粗加工型腔铣工序。
➢ 能够正确设置型腔铣工序选项参数，创建侧面精加工工序。
➢ 能够应用工序导航器管理创建的工序及其他对象。

任务 3-1 创建粗加工的型腔铣工序

【学习目标】

> 掌握型腔铣的特点与应用。
> 了解型腔铣的常用切削模式。
> 掌握切削步距的设置方法。
> 掌握型腔铣的几何体类型及其选择方法。
> 能够正确创建复杂零件的粗加工型腔铣工序。
> 能够正确进行型腔铣的刀轨设置。

【任务分析】

由于零件的加工余量很大,因而在加工时首先要进行粗加工。使用自动编程时,在 UG NX软件中,粗加工使用的加工类型为型腔铣。

【知识链接 型腔铣】

型腔铣(Cavity Mill)加工是一种等高加工,对零件逐层进行加工。系统按照零件在不同深度的截面形状计算各层的刀轨。型腔铣工序可以选择不同的切削模式,包括平行切削与环绕切削的粗加工,以及轮廓铣削的精加工。

型腔铣的应用非常广泛,主要有:用于大部分零件的粗加工,包括各种形状复杂的零件的粗加工;设置为轮廓铣削,可以完成直壁或者斜度不大的侧壁的精加工;通过限定高度值做单层加工,可用于平面的精加工;通过限定切削范围,可以进行角落的清角加工。

3.1.1 型腔铣工序的几何体

型腔铣的加工区域是由曲面或者实体几何来定义的。如果选择的几何体组中没有指定部件几何体、毛坯几何体等,在创建工序时可以直接指定几何体。

图 3-2 所示为型腔铣的几何体选项。它包括几何体父节点组、部件、毛坯、检查、切削区域和修剪边界五种类型。

1. 几何体

含义:选择此工序将继承的几何体定义的位置,几何体的选择将确定当前工序在工序导航器 – 几何视图中所处的位置。

设置:对几何体父节点组,可以从下拉选项中选择一个已经创建的几何体,选择的几何体包含其创建时所设定的坐标系位置、安全选项设置、部件几何体、毛坯几何体、检查几何体等。

单击按钮 ,新建一个几何体,新建的几何体将可以被其他工序引用。

单击按钮 ,编辑当前选择的几何体,允许编辑各个选项参数,并可以向几何体组添加或移除几何体。完成编辑时,系统在应用前将请求确认。

应用：创建工序前，如果已经进行了完整的几何体父节点组创建，那么在创建工序时直接选用。如果在创建工序前没有创建好几何体，则可以在创建工序时对几何体进行编辑或者新建一个几何体。如果选择了坐标系几何体"MCS_MILL"，则可以通过编辑来重新设定安全平面高度。

2. 部件几何体、毛坯几何体和检查几何体

功能：用于指定部件几何体、毛坯几何体与检查几何体。

应用：当选择的几何体组中不包括部件几何体、毛坯几何体及检查几何体时，在创建工序时，可以进行指定。几何体的含义与指定方法与创建工件几何体是一致的。图 3-3 所示为指定部件时弹出的"部件几何体"对话框。

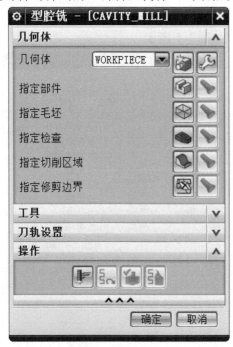

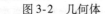

图 3-2　几何体　　　　　　　　　　图 3-3　部件几何体

3. 切削区域几何体

含义：指定部件几何体被加工的区域，可以是部件几何体的一部分。切削区域几何体只能选择部件几何体中的"面"。

应用：不指定切削区域时将对整个零件进行加工，而指定切削区域则只在切削区域上方生成刀轨。需要局部加工时，可以指定切削区域几何体。

4. 修剪边界几何体

含义：指定修剪边界几何体是用一个边界对生成的刀轨做进一步的修剪。

应用：修剪边界几何体可以限定生成刀轨的切削区域，如指定局部加工或者角落加工。另外，在凸模加工时，指定修剪边界几何体也可以作为外边界限制生成的刀轨。

3.1.2　型腔铣工序的刀轨设置

刀轨设置是型腔铣工序参数中最重要的一栏，打开"刀轨设置"选项组，包括常用选

项设置，如切削模式、步距等，可以直接进行设置。另外，"刀轨设置"选项组还有切削层、切削参数、非切削移动、进给率和速度等下级对话框的成组参数，如图3-4所示。

1. 方法

功能：选择当前工序所属的加工方法组，同时允许为此工序创建新的方法组。

应用：选择合适的方法组可减少参数设置，如粗铣加工时选择"MILL_ROUGH"方法。

2. 切削模式

功能：切削模式决定了用于加工切削区域的进给方式，选择不同的切削模式可以生成适用于不同结构特点的零件加工的刀轨，并且对于不同的切削模式，刀轨设置选项也会有所区别。

设置：在型腔铣中共有7种可用的切削模式，如图3-5所示。

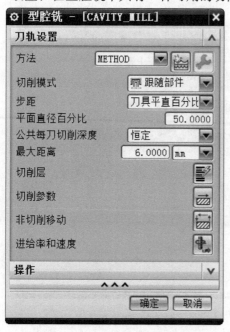

图3-4　型腔铣的刀轨设置

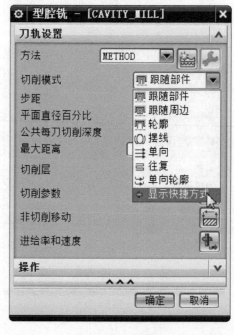

图3-5　切削模式

（1）"跟随部件"切削模式　通过对所有指定的部件几何体进行偏置来产生刀轨。图3-6所示为"跟随部件"切削模式下生成的刀轨示例。

在带有岛屿的型腔区域中使用"跟随部件"切削模式，可以在不设置任何切换的情况下完整切削整个部件几何体，而不再需要使用带有"岛清理"的"跟随周边"切削模式。

（2）"跟随周边"切削模式　指定"跟随周边"切削模式，通过对切削区域的边界进行偏置产生环绕切削的刀轨。图3-7所示为"跟随周边"切削模式下的刀轨示例。当刀轨与该区域的内部形状重叠时，这些刀轨将合并成一个刀轨，然后再次偏置这个刀轨形成下一个刀轨。与"跟随部件"切削模式的不同之处在于，它将毛坯几何体、修剪边界几何体等均考虑在内，对形成的切削区域进行偏置。

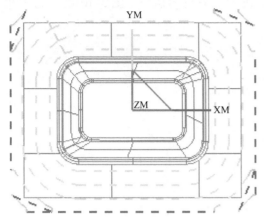

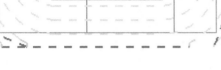

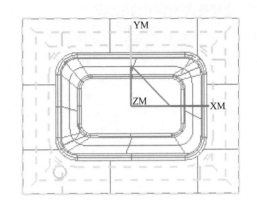

图 3-6　"跟随部件"切削模式下的刀轨　　　图 3-7　"跟随周边"切削模式下的刀轨

　　型腔区域加工时常使用"跟随周边"切削模式。采用这种切削模式相对来说抬刀次数较少，并且可以有效地去除所有加工区域内的材料。

　　（3）"轮廓"切削模式　用于创建一条或者指定数量的刀轨来完成零件侧壁或轮廓的切削。可以用于敞开区域和封闭区域的加工，图 3-8 所示为"轮廓"切削模式下的刀轨示例。

　　"轮廓"切削模式通常用于零件的侧壁或者外形轮廓的精加工或者半精加工，也可以用于铸件等余量较为均匀的零件的粗加工。通过设置"附加刀轨"选项，可以生成指定数量的切削刀轨进行多刀次加工。

　　（4）"摆线"切削模式　"摆线"切削模式下，通过产生一个小的回转圆圈，避免在全刀切入时切削的材料量过大。图 3-9 所示为"摆线"切削模式下的刀轨的示例。

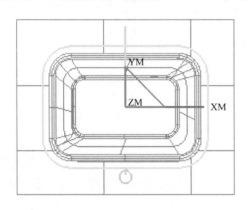

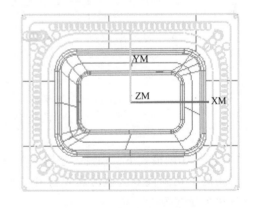

图 3-8　"轮廓"切削模式下的刀轨　　　图 3-9　"摆线"切削模式下的刀轨

　　当需要限制过大的步距以防止刀具在完全嵌入切口时折断，或者需要避免过量切削材料时，可以选择摆线切削模式，刀具以小的回环切削模式来加工材料。摆线切削模式通常用于高速加工，可以避免刀具负荷剧变。

　　（5）"单向"切削模式　"单向"切削模式下，创建的是一系列沿同一个方向切削的线性刀轨，将保持一致的顺铣或逆铣。刀具从切削刀轨的起点处进刀，并切削至刀轨的终点；然后退刀，移动至下一刀轨的起点，再进刀进行下一行的切削。图 3-10 所示为"单向"切削模式下的刀轨示例。

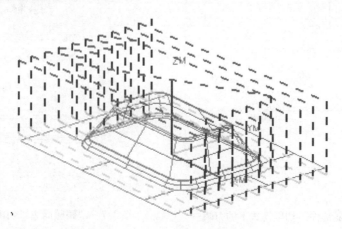

图 3-10 "单向"切削模式下刀轨

"单向"切削模式下可以保持一个恒定的顺铣或逆铣的切削方向，并且切削负荷相对稳定，特别适用于有一侧开放区域的零件加工。

（6）"往复"切削模式 "往复"切削模式下的刀轨在切削区域内沿平行直线来回加工，生成一系列"顺铣"和"逆铣"交替的刀轨。刀轨示例如图 3-11 所示。

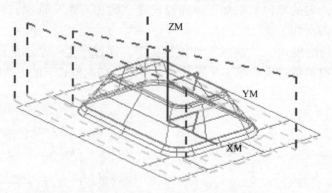

图 3-11 "往复"切削模式的刀轨

"往复"切削模式下，顺铣、逆铣交替进行，去除材料的效率较高，抬刀较少，是比较常用的粗加工切削模式。通常需要打开"壁清理"选项，以清除零件侧壁上的残余材料，保证周边余量均等。

（7）"单向轮廓"切削模式 "单向轮廓"切削模式下，生成与单向切削类似的线性平行刀轨，但是在下刀时，刀具由将下刀在前一行的起始点位置，然后沿轮廓切削到当前行的起点，进行当前行的切削。切削到端点时，沿轮廓切削到前一行的端点。图 3-12 所示为单向轮廓切削模式下的刀轨示例。

"单向轮廓"切削模式下的切削刀轨为一系列"环"，在轮廓周边不留残余，并且下刀在材料已经被切除的"开放"区域。

应用："往复"切削模式或者"跟随周边"切削模式在下凹的模腔加工中比较常用，而凸模加工时常用"跟随部件"切削模式。高速加工时可以采用"摆线"切削模式，精加工时可以采用"轮廓"切削模式。

3. 步距

功能：步距也称为步进，定义两个切削路径之间的水平间隔距离，指两行间或者两环间的距离。

设置：步距可以采用恒定、残余高度、刀具平直百分比、变量平均值或多个的方式进行设置，如图 3-13 所示。

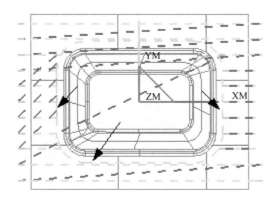

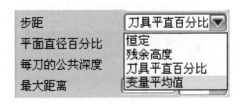

图 3-12　单向轮廓切削模式下的刀轨　　　　　图 3-13　步距

（1）恒定　直接指定距离值为步进，这种设置直观明了。如果刀轨之间的指定距离没有均匀分割加工区域，系统会减小刀轨之间的距离，以便保持恒定步距。

（2）残余高度　需要输入允许的最大残余波峰高度值，加工后的残余量不超过这一高度值。这种方法特别适用于使用球头刀进行加工时步距的计算。

（3）刀具平直百分比　对于平底刀与球头铣刀，系统将其整个直径作为有效刀具直径；对于圆角刀，要减去下半径 R 部分；平面刀具直径按 $(D-2R)$ 计算。

（4）变量平均值　设置可以变化的步距。切削模式为"往复"、"单向"、"单向轮廓"时，步距设置方式可以选择"变量平均值"，如图 3-14 所示，然后设置步距的最大值与最小值，加工时系统将自动调整合适的步距值，如图 3-15 所示。

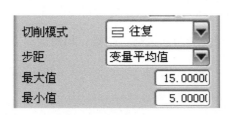

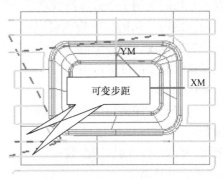

图 3-14　变量平均值　　　　　　图 3-15　可变步距刀轨

（5）多个 切削模式为"跟随周边"、"跟随部件"、"轮廓加工"时，可变步距的设置方式为"多个"，如图3-16所示。这种方式下，允许指定多个步距大小以及每个步距大小所对应的刀轨数。列表中的第一个对应于距离边界最近的刀轨，再逐渐向腔体的中心移动，如图3-17所示。当组合的"距离"和"刀路数"超出或无法填满要加工的区域时，系统将从切削区域的中心减去或添加一些刀轨。

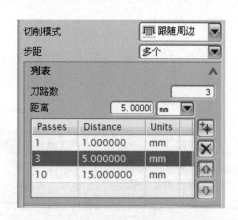

图3-16 多个

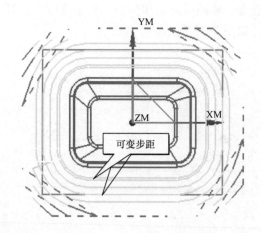

图3-17 "多刀路"刀轨示例

应用：步距设置直接影响加工效率与加工精度。在步距设置时还需要考虑刀具的承受力。通常在粗加工时可以设置较大的步距值。

4. 公共每刀切削深度

功能：用于设置加工中沿刀轴矢量方向的切削深度。

应用：公共每刀切削深度设置较大值可以有相对较高的切削效率，但必须考虑刀具的承受力；同时采用较大的切削深度时，切削速度应设置较小值。切削深度的值也可以在切削层中进行设置。

5. 切削层

功能：切削层用于划分等高线进行分层。

应用：使用"切削层"选项可以将一个零件划分为若干个范围，在每个范围内使用相同的每刀切削深度，而各个范围则可以采用相同的或不同的每刀切削深度。另外，还可以通过切削层来限制切削深度范围。

6. 切削参数

功能：修改工序的切削参数，指定与切削运动相关的切削策略、余量、拐角运动方式等选项参数。

应用：设置合理的切削参数可以提高效率。

7. 非切削移动

功能：指定在切削移动之前、之后以及之间对刀具进行定位的移动。

应用：非切削移动在创建型腔铣的粗加工工序时，进刀选项可以采用螺旋下刀方式。另外，在非切削移动参数中，通常需要设置"快速/传递"选项，以控制切削中的抬刀。

8. 进给率和速度

功能：指定主轴速度和进给率。

应用：创建工序时进给率和速度选项是必须进行设置或者确认的。设置相对较高的速度与进给率可以提高加工效率，但同时会导致刀具寿命缩短。

【任务实施】

创建粗加工工序的步骤如下：

◆ **步骤1** 启动 UG NX 软件并打开模型文件

启动 UG NX 软件，打开文件名为 T3. prt 的部件文件。

◆ **步骤2** 进入加工模块

在"应用模块"工具条上单击"加工"按钮，打开"加工环境"对话框，选择"要创建的 CAM 设置"为"mill _ contour"，单击"确定"按钮，进行加工环境的初始化设置。

◆ **步骤3** 创建刀具

单击创建工具条上的"创建刀具"按钮 ，系统弹出"创建刀具"对话框，选择类型为面铣刀，名称为"T1- D50R6"，单击"应用"按钮，打开"铣刀参数"对话框，设置刀具直径为"50"、下半径为"6"，刀具号为"1"，单击"确定"按钮，创建铣刀"T1-D50R6"。

创建名称为"T2- D25R5"的铣刀，设置刀具直径为"25"、下半径为"5"、刀具号为"2"，单击"确定"按钮，创建刀具"T2- D25R5"。

创建名称为"T3- D10R0"的铣刀，设置刀具直径为"10"、下半径为"0"、刀具号为"3"，单击"确定"按钮，创建刀具"T3- D10R0"。

◆ **步骤4** 显示工序导航器 – 几何视图

单击界面左侧的"工序导航器"按钮 ，显示工序导航器，单击工具条上的按钮 ，切换到几何视图，显示如图 3-18 所示。

◆ **步骤5** 编辑坐标系几何体

双击坐标系几何体"MCS _ MILL"进行编辑，在"MCS 铣削"对话框的"安全设置"选项组下，指定安全设置选项为"自动平面"，安全距离值为"100"，如图 3-19 所示。单击"确定"按钮，完成对几何体"MCS _ MILL"的编辑。

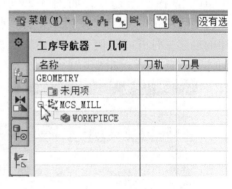

图 3-18　工序导航器 – 几何视图

◆ **步骤6** 编辑工件几何体

双击工序导航器中的工件几何体 "WORK-PIECE"，系统将打开"工件"对话框，如图 3-20 所示。

在对话框上方单击"指定部件"按钮 ，选择实体为部件几何体，如图 3-21 所示。单击"确定"按钮完成部件几何体的选择，返回"工件"对话框。

在工件几何体对话框上单击"指定毛坯"按钮 ，系统弹出"毛坯几何体"对话框（见图 3-22a），指定类型为"包容块"，毛坯预览如图 3-22b 所示。

52

图 3-19　MCS 铣削

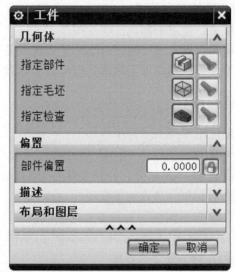

图 3-20　"工件"对话框

单击"确定"按钮返回"工件"对话框，单击"确定"按钮，完成工件几何体的编辑。

◆ 步骤7　创建型腔铣工序

单击创建工具条上的"创建工序"按钮，在"创建工序"对话框中选择工序子类型为型腔铣，选择刀具为"T1-D50R6"，几何体为"WORKPIECE"，方法为"MILL_ROUGH"等各个组选项，如图 3-23 所示。确认选项后单击"确定"按钮，开始型腔铣工序的创建。打开"型腔铣"对话框，显示几何体与刀具部分，如图 3-24 所示。

图 3-21　指定部件

a)

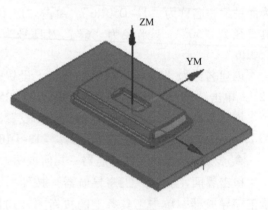

b)

图 3-22　指定毛坯

图 3-23　创建工序

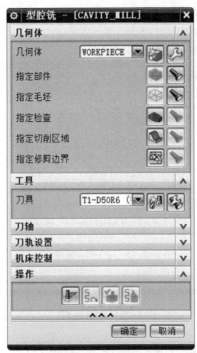

图 3-24　型腔铣

◆ 步骤 8　指定修剪几何体

在"型腔铣"对话框上单击指定"修剪边界"按钮，系统打开"修剪边界"对话框，默认的选择方法为（面），指定修剪侧为"外部"，如图3-25所示。

拾取零件的底面，则平面的外边缘将成为修剪边界几何体，如图3-26所示。

单击"确定"按钮，完成修剪边界指定，返回"型腔铣"工序对话框。

◆ 步骤 9　刀轨设置

在"型腔铣"对话框中展开"刀轨设置"选项组，选择切削模式为"跟随周边"，设置步距为"恒定"，最大距离为"35"，公共每刀切削深度为"恒定"，最大距离为"1"，如图 3-27 所示。

◆ 步骤 10　设置进给率和速度

单击"进给率和速度"按钮，弹出"进给率和速度"对话框，设置主轴速度为"1200"，切削进给率为"1500"，单击后方的计算按钮，如图3-28所示。单击鼠标中键返回"型腔铣"对话框。

◆ 步骤 11　生成刀轨

在"型腔铣"对话框中单击"生成"按钮，计算生成刀轨。计算完成的刀轨如图3-29 所示。

◆ 步骤 12　确定工序

对刀轨进行检验，可以通过不同视角进行重播，也可以进行可视化刀轨确认，确认刀轨后单击工序对话框底部的"确定"按钮，接受刀轨并关闭对话框。

图 3-25 修剪边界

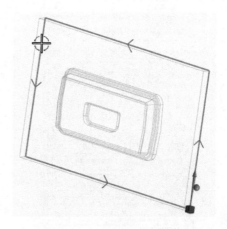

图 3-26 指定修剪边界

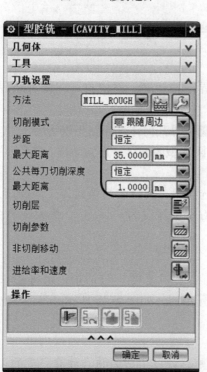

图 3-27 刀轨设置

图 3-28 进给率和速度

【任务总结】

使用型腔铣工序进行粗加工编程是最常用的一种方式，在完成本任务的粗加工工序创建时，应当注意以下几点：

1）通过编辑系统默认的几何体，既方便管理，又不容易出错。

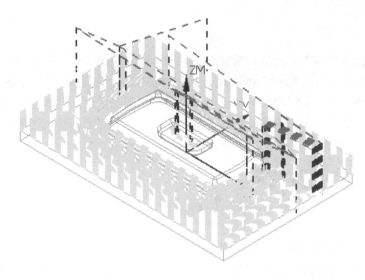

图 3-29　型腔铣刀轨

2）在创建粗加工工序时，选择的加工方式为"MILL_ROUGH"（粗铣），该方式指定了切削余量为"1"。

3）在选择的几何体父组中如果包含了部件和毛坯，则在创建工序时将不能再指定部件和毛坯。

4）创建工序时，指定修剪边界可以将刀轨限制在毛坯范围之内，不生成多余的刀轨。指定修剪边界时，一定要注意修剪侧为"外部"。

5）创建工序时，必须要指定步距与公共每刀切削深度。

任务 3-2　创建精加工的型腔铣工序

【学习目标】

➢ 掌握切削层的设置方法。

➢ 掌握切削参数中的策略选项卡设置。

➢ 掌握余量选项的含义。

➢ 掌握进刀与退刀的参数设置。

➢ 理解表面速度、每齿进给量与主轴转速、切削进给的关系。

➢ 能够正确设置切削参数。

➢ 能够正确设置非切削移动参数。

➢ 能够正确设置进给率与速度参数。

➢ 能够创建只加工底面的型腔铣工序。

➢ 能够创建限定加工范围的型腔铣工序。

➢ 能够正确设置型腔铣工序参数，创建侧面精加工工序。

【任务分析】

加工时，一般是粗加工后再进行精加工。对于本项目中的零件，侧面与底面应该分开加工。零件的侧面主体部分为峭壁，因而适合采用等高加工的方法来进行精加工。在精加工时，为保证加工精度，对不同陡峭的部位使用不同的切削深度值；同时为了获得更好的切削路径，应该对切削参数与非切削移动参数进行合理的设置。底面的精加工则只需要在底面进行单层的加工即可完成。

【知识链接　型腔铣的刀轨设置】

3.2.1　切削层

切削层利用等高线进行分层，而等高线平面确定了刀具在移除材料时的切削深度。切削工序在一个恒定的深度完成后才会移至下一深度。使用"切削层"选项可以将一个零件划分为若干个范围，在每个范围内使用相同的每刀切削深度，而各个范围则可以采用相同的或不同的每刀切削深度。

指定了部件几何体后，在"型腔铣"工序对话框中单击"切削层"选项，弹出图 3-30所示的"切削层"对话框，可以在切削深度范围内分多个切削范围，并为每个切削范围指定每一刀的切削深度。

1. 范围类型

功能：指定范围划分的方式。

设置：范围类型可以选择自动生成、单一范围或者用户定义的方式。图 3-31 所示为不同范围类型的切削层示例。

（1）自动生成　系统将自动判断部件上的水平面划分范围。

（2）单一范围　选择单一范围时，整个区域只作为一个范围进行切削层的分布。

（3）用户定义　对范围进行手工分割，可以对范围进行编辑和修改，并对每一范围的切削深度进行重新设定。

应用：通常用自动生成方式，若在下方做任意修改，则自动切换到"用户定义"。

2. 切削层

功能：该项用于指定切削层的指定方式，可以选择多层切削或者只在底部切削。

设置：选择"恒定"，将切削深度保持在全局每刀深度的设定值。

若选择"仅在底部范围切削"，则只生成每一个切削范围的底部切削层。图 3-32 所示为仅在底部范围切削的切削层示例。

应用：选择"仅在底部范围切削"常用于底面精加工。如果将每刀深度设置为"0"，则也只在底部范围切削。

3. 公共每刀切削深度

功能：指定所有切削范围的默认切削层的切削深度。

设置：公共每刀切削深度有两种设置方法。一种是"恒定"，直接指定最大距离值；另一种是"残余高度"，即通过设置残余高度值来确定切削深度值。

图 3-30　"切削层"对话框

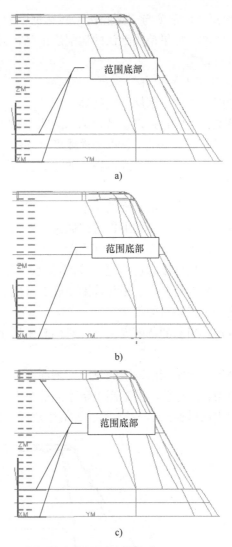

图 3-31　范围类型

a）自动生成　b）单一范围　c）用户定义

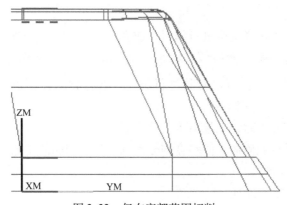

图 3-32　仅在底部范围切削

应用：该选项与"型腔铣"对话框中的"公共每刀切削深度"是同一选项，以在后面设置的为准。如果使用默认的切削层范围，并且所有切削层都采用相同的切削深度，则可以直接进行设定。

4. 范围 1 的顶部

功能：指定切削层的最高处。

设置：可以直接设置 ZC 值，也可以在图形上选择一个点来确定切削层的顶部。

应用：默认情况下，以部件或者毛坯的最高点作为范围 1 的顶部。需要局部加工时，可以直接指定一个位置作为范围 1 的顶部。

5. 范围定义

功能：指定当前范围的大小。

设置：范围大小的编辑可以通过在图形上选择对象，以选择的对象所在位置为当前范围的底部，也可以直接指定范围深度。

另外，也可以通过指定"范围深度"值的方式直接指定。指定范围深度有 4 个测量开始位置，分别是顶层、顶部范围、底部范围和工作坐标系原点。设定的范围深度是与指定的测量开始位置相对的值。

应用：当前的范围定义是针对列表中选定的范围。

6. 每刀切削深度

功能：指定当前范围的每层切削深度。

应用：通过为不同范围指定不同的每刀切削深度，在不同倾斜程度的表面上都可以取得较好的表面质量。图 3-33 所示为两个范围不同局部深度的切削层示例。

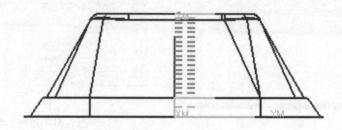

图 3-33 局部每刀深度

7. 列表

功能：在列表中可以选择范围进行编辑，或者插入、删除一个范围。

设置：单击"添加新集"按钮 ，将在当前范围下插入一个新的范围。在列表中选择的范围将在上方显示其参数，可以对其进行编辑。选择删除按钮 ，可以删除一个范围。图 3-34 所示为编辑范围的应用示例。

应用：在零件深度较大时，如果由于刀具限制，只能加工部分深度，则可以限定一个高度。在精加工时，可以按照侧面的倾斜度划分范围，对陡峭面使用比非陡峭稍大的每刀切削深度。

8. 在上一个范围之下切削

功能：在指定范围之下再切削一段距离。

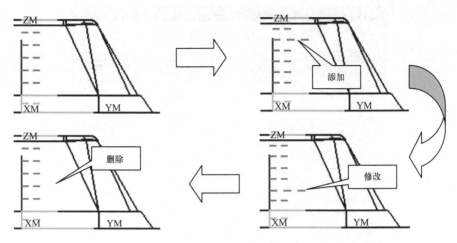

图 3-34　编辑范围

应用：在精加工侧壁时，为保证底部不留残余，可以增加一个延伸值来增加切削层。

3.2.2　切削参数

切削参数用于设置刀具在切削工件时的一些处理方式。它是每种工序共有的选项，但某些选项随着工序类型的不同和切削模式或驱动方式的不同而变化。

在"工序"对话框中选择"切削参数"按钮 进入"切削参数"对话框。切削参数有6个选项卡，分别是策略、余量、拐角、连接、空间范围、更多。选项卡可以通过顶部标签进行切换。

1. 策略

策略是切削参数设置中的重点，而且对生成的刀轨影响最大。

选择不同的切削模式，切削参数的策略选项也将有所不同，某些策略选项是公用的，而某些策略选项只在特定的切削方式下才有。图 3-35 所示为选择"跟随周边"切削模式时的策略选项卡。

（1）切削方向　切削方向可以选择顺铣或逆铣，顺铣表示刀具的旋转方向与进给方向一致，而逆铣则表示刀具的旋转方向与进给方向相反。

应用：通常情况下切削方向选择"顺铣"，但在加工工件为锻件或铸件且表面未粗加工时应优先选择"逆铣"。对于往复切削，其切削过程中将产生顺铣与逆铣交替的刀具路径，但在壁清理与岛清理时将以指定的方向切削。

（2）切削顺序　指定含有多个区域和多层的刀轨的切削顺序。

设置：切削顺序有"深度优先"和"层优先"两个选项。

1）深度优先：在切削过程中按区域进行加工，加工完成一个切削区域后再转移到下一切削区域，如图 3-36 所示。

2）层优先：指刀具先在一个深度上铣削所有的外形边界，再进行下一个深度的铣削，在切削过程中刀具在各个切削区域间不断转换。图 3-37 所示切削顺序为层优先的示意图。

应用：一般加工优先选用深度优先以减少抬刀次数。对外形一致性要求高或者薄壁零件的精加工中应该选择层优先。

图 3-35 "策略"选项卡

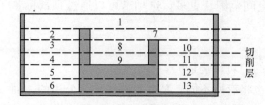

图 3-36 深度优先

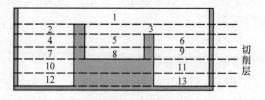

图 3-37 层优先

（3）刀路方向 进行"跟随周边"或者"跟随部件"的环绕加工时，可以指定刀具从部件的周边向中心切削（或沿相反方向）。

设置：设定刀路方向为"向内"，从周边向中心切削，如图 3-38 所示；"向外"，将刀具向外从中心移至周边，如图 3-39 所示。

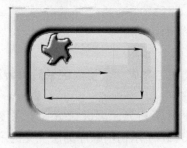

图 3-38 向内

图 3-39 向外

应用：选择"向外"方式从切削区域的中心开始切削，切削区域逐渐加大，可以减少全刀切削的距离。

（4）岛清根　岛清根用于清理岛屿四周的额外残余材料，该选项仅用于"跟随周边"的切削模式下。

设置：打开"岛清根"选项，则在每一个岛屿边界的周边都包含一条完整的刀轨，用于清理残余材料。关闭"岛清根"选项，则不清理岛屿周边轮廓。图 3-40 所示为两者的对比。

应用：对于型腔内有岛屿的零件粗加工，必须勾选"岛清根"这一选项，否则将在周边留下很不均匀的残余，并有可能造成在后续的加工中需一次切除很大残料的后果。

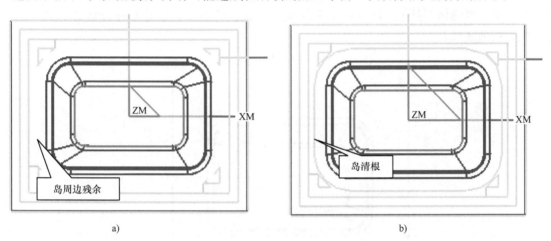

图 3-40　岛清根刀轨示例
a）关闭"岛清根"选项　b）打开"岛清根"选项

（5）壁清理　当使用"单向"、"往复"和"跟随周边"切削模式时，使用"壁清理"可以移除沿部件壁面出现的脊。系统通过在每个切削层插入一个轮廓刀轨来完成清壁工序。在使用平行切削生成的刀轨中，是否进行清壁的切削效果如图 3-41 所示。

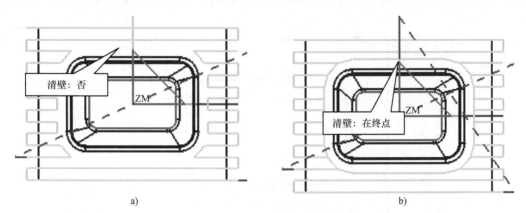

图 3-41　壁清理
a）不进行清壁的效果　b）进行清壁的效果

设置："壁清理"选项选择"否"，不进行周壁清理；选择"在起点"，先进行沿周边的清壁加工，再进行区域内的切削加工；选择"在终点"，在区域加工后再沿周边进行清壁加工；选择"自动"，在跟随周边切削模式中，使用轮廓铣刀路移除所有材料，而不重新切削材料。

应用：使用"单向"和"往复"切削模式时，通常选择壁清理选项为"在终点"，插入一个轮廓刀轨来完成周边与岛屿的清壁工序，以保证侧壁上的余量均匀。

（6）延伸刀轨 "在边上延伸"选项可以将切削区域向外延伸，在选择了切削区域几何体后才起作用。

应用：通过在边上延伸，可以保证边上不留残余。另外，还可以在刀轨的起点和终点添加切削运动，以确保刀具平滑地进入和退出部件。图 3-42 所示为设置延伸刀轨的示例（选择底面为切削区域）。

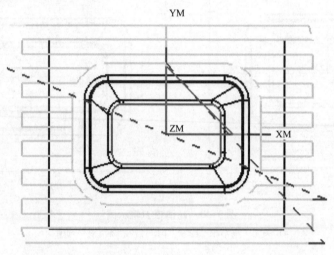

图 3-42 在边上延伸

（7）精加工刀路 指定刀具完成主要切削刀具路径后再沿轮廓周边进行切削的精加工刀轨，可以设置加工刀路数与步距。图 3-43 所示为设置"精加工刀路"数为"2"的刀轨

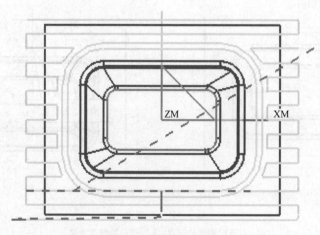

图 3-43 精加工刀路

示例。"精加工刀路"与"清壁"有所差别，"清壁"只做单行的加工，并且其加工的余量是部件余量值，可以为"0"；而"精加工刀路"可以指定刀路数与步距。

设置：勾选"添加精加工刀路"选项，并输入"刀路数"与"精加工步距"值，以便在边界和所有岛的周围创建单个或多个刀具路径。

应用：在粗加工工序中直接进行精加工，为保证加工周边余量一致，可以打开"添加精加工刀路"选项，设置"刀路数"并按指定的步距（切削余量）进行加工。

（8）**毛坯距离** 对部件边界或部件几何体应用偏置距离以生成毛坯几何体。

应用：不选择毛坯几何体，通过设置毛坯距离，来生成毛坯距离范围内的刀轨，而不是整个轮廓所设定的区域，如图 3-44 所示。

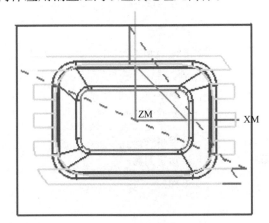

图 3-44　毛坯距离

（9）**切削角** 当选择切削模式为"往复"、"单向"或"单向轮廓"时，可以指定切削角度。

设置：有三种方法定义切削角。

1）自动：由系统决定最佳的切削角度，以使其中的进刀次数为最少。

2）最长的线：由系统评估每一次切削所能达到的切削行的最大长度，并且以该角度作为切削角。图 3-45 所示为零件设置切削角为"最长的线"或"自动"的刀轨示例。

3）用户自定义：直接指定角度值。该角度是相对于工作坐标系 WCS 的 X 轴测量的。图 3-46 所示为将切削角定义为 45°时刀轨示例。

应用：指定切削角度，应尽量使切削轨迹与各个侧壁的夹角相近。

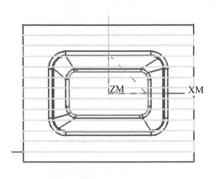

图 3-45　"最长的线"或"自动"角度

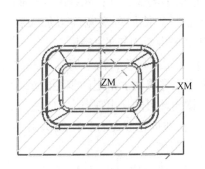

图 3-46　切削角为 45°

（10）**摆线设置** "摆线"切削模式采用回环控制嵌入的刀具，可以避免过量切削材料。摆线设置用于控制摆线切削的刀轨形状。

设置："刀路方向"为"向内"时，只有"摆线宽度"一个选项。而"刀路方向"为"向外"时，包括有"摆线宽度"、"最小摆线宽度"、"步距限制%"、"摆线向前步长"等参数,如图 3-47 所示。图 3-48 所示为各参数含义。

图 3-47 摆线设置参数

1)摆线宽度:在刀轨中心线处测量的摆线圆的直径。

2)最小摆线宽度:允许的摆线圆的最小直径。使用可变宽度可加大在尖角和窄槽中对刀轨的控制。

3)步距限制%:输入实际步距可超过在主工序界面上指定的步距的最大数值。摆线环可防止出现更大的步距。

4)摆线向前步距:指摆线圆沿刀轨方向的距离。

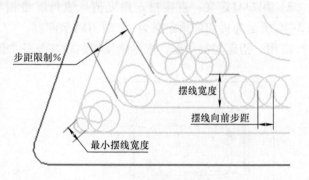

图 3-48 摆线参数含义

应用:要形成摆线切削,通常选择刀路方向为"向外",从远离部件壁处开始,向部件壁方向行进;并且在参数设置时,"摆线宽度"、"最小摆线宽度"、"步距限制%"和"摆线向前步距"选项相互作用。如果设置不合适的值,将不能产生摆线切削的刀轨。

① 对于硬铣削,步距大约为刀具直径的 10%。推荐的摆线设置为:

步距限制 % = 150%。

摆线向前步距 = 刀轨步距的 80% ~ 100%。

摆线宽度 = 步距的 1.5 倍。

② 对于简单槽，推荐设置为：

步距限制 % = 150%。

摆线向前步距 = 刀轨步距。

摆线宽度 = 槽加工区域的宽度、刀轨步距。

2. 余量

余量选项的设置决定完成当前工序后部件上剩余的材料量，相当于将当前的几何体进行偏置。通过余量选项的设置，可以在粗加工时为精加工保留余量，以及为检查几何体、修剪边界几何体保留足够的安全距离。在余量选项中还可以指定公差，用于限定加工后的表面精度。

在"切削参数"对话框中，单击"余量"选项，显示"余量"选项卡，如图 3-49 所示，分为余量与公差两组。

（1）部件余量　指定部件几何体周围包围着的、刀具不能切削的一层材料，部件侧面余量和部件底部面余量分别表示在水平方向及垂直方向的余量。

设置：直接输入数值。

应用：精加工时，通常设置部件余量为"0"。粗加工时，需要为精加工保留一定的加工余量，部件余量应设置为大于"0"的值。雕刻加工时，需要在曲面下凹，此时部件余量应该为负值，但不能超过刀具的底圆角半径。

另外，在某些情况下，根据零件的公差要求，精加工时也可以将余量进行微调。

（2）使底面余量与侧面余量一致　勾选"使底面余量与侧面余量一致"选项，则部件侧面余量与部件底面余量一致；否则可以设置与部件侧面余量不同的底面余量。图 3-50 所示为底面和侧壁余量不一致的设置。

图 3-49　余量参数设置

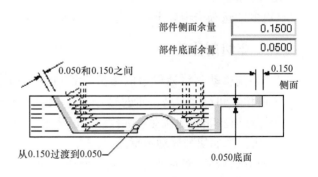

图 3-50　底面和侧壁余量不一致

应用：对于型腔铣工序或者平面铣工序，如零件的侧面精度要求与底面精度要求不同，可以设置不同的余量。若设置底面余量为"0"，则粗加工后不再进行精加工。

（3）毛坯余量　指定刀具偏离已定义毛坯几何体的距离，设置毛坯余量可将毛坯放大或缩小。

应用：在实际毛坯不规则时，设置毛坯余量可以扩大加工范围，保证彻底去除材料。

（4）检查余量　指定切削时刀具离开检查几何体的距离。

应用：把一些重要的加工面或者夹具设置为检查几何体，加上余量的设置，可以防止刀具与这些几何体接触，以起到安全和保护的作用。

（5）修剪余量　指定刀具位置与已定义修剪边界的距离。

应用：修剪边界在模型上拾取，而实际需要放大或缩小的部分才是正确的加工区域。可以通过修剪余量进行调整。如果设置余量为刀具半径值，则修剪的刀轨将与边界相切。

（6）内公差与外公差　公差定义了刀具偏离实际零件的允许范围，公差值越小，切削越准确，产生的轮廓越光滑。切削内公差设置刀具切入零件时的最大偏距，外公差设置刀具切削零件时离开零件的最大偏距，图 3-51 所示为内、外公差的示意图。

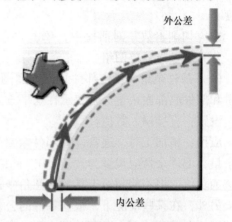

图 3-51　内、外公差示意图

应用：在精加工时，应该设置较小的公差值，通常应小于图样要求的 10%；在粗加工时为了提高计算速度，可以设置相对较大的公差值，一般不超过余量的 10%。

3. 其他选项卡

"拐角"选项设置用于产生在拐角处平滑过渡的刀轨，有助于预防刀具在进入拐角处产生偏离或过切。特别是对于高速铣加工，拐角控制可以保证加工时的切削负荷均匀。

"连接"选项用于设置切削运动间的运动方式，通过合理设置"连接"选项，可以缩短切削路径，提高切削效率。

加工范围主要是通过几何体来定义的，"空间范围"选项则可以用非几何体的方法进一步限定加工范围。

"更多"选项卡中列出一些与切削运动相关的，而又没有列入其他选项卡的部分选项。

3.2.3　非切削移动

"非切削移动"对话框中的参数设置可指定切削加工以外的移动方式，在切削运动之前、之后和之间定位刀具，如进刀与退刀、区域间连接方式、切削区域起始位置、避让、刀具补偿等选项。非切削移动参数控制如何将多个刀轨段连接为一个工序中相连的完整刀轨，图 3-52 所示为非切削移动示意图。

"非切削移动"对话框中包含 6 个选项卡，分别是进刀、退刀、起点/钻点、转移/快速、避让、更多。

1. 进刀

"进刀"选项用于定义刀具在切入零件时的距离和方向，系统会自动地根据所指定的切削条件、零件的几何体形状和各种参数来确定刀具的进刀运动。

"进刀"选项卡如图 3-53 所示，其参数分为封闭区域与开放区域两部分，并且可以为

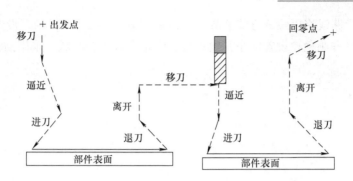

图 3-52　非切削移动

初始封闭区域与初始开放区域设置不同的进刀方式。封闭区域是指刀具到达当前切削层之前必须切入材料中的区域。开放区域是指刀具在当前切削层可以凌空进入的区域。

图 3-53　"进刀"选项卡

（1）封闭区域　在封闭区域中，通常使用的进刀类型有以下几种，也可以设置为与"与开放区域"相同。

1）螺旋：选择进刀类型为螺旋时，参数设置如图 3-53 所示，需要设置直径、斜坡角、高度等参数。进刀路线将以螺旋方式渐降，生成的刀轨如图 3-54 所示。设置最小安全距离用来避免切削到零件侧壁；设置最小斜面长将忽略距离很小的区域，采用插铣下刀。

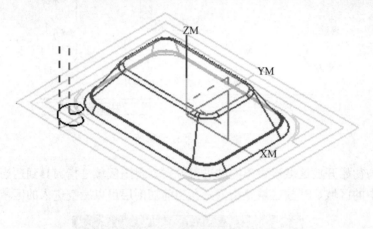

图 3-54　螺旋进刀示例

2）沿形状斜下刀：与螺旋方式相似，在采用斜下刀的模式下的路径为直线，并沿着所生成的切削行进行倾斜下刀，如图 3-55 所示。

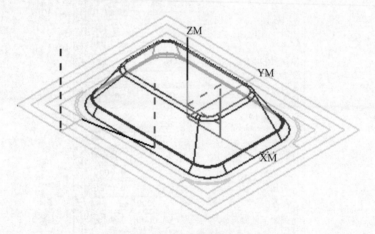

图 3-55　沿形状斜下刀

3）插削：选择进刀类型为插削时，参数设置如图 3-56 所示，需要设置高度值，可以直接输入距离或者使用刀具直径的百分比。进刀路线将是沿刀具轴线向下，在指定高度值切换为"进刀进给"，生成的刀轨如图 3-57 所示。

4）无：不设置进刀段，直接快速下刀到切削位置。

5）与开放区域相同：处理封闭区域的方式与开放区域类似，且使用开放区域移动定义。

应用：螺旋设置将在第一刀切削运动中创建无碰撞的螺旋形进刀移动。如果无法满足螺旋线移动的要求，则替换为具有相同参数的倾斜移动。

采用螺旋进刀方式可以避免刀具的底刃切削。

图 3-56 插削进刀

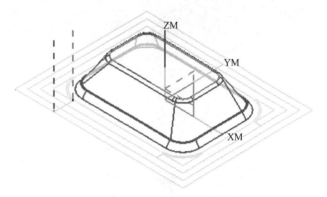

图 3-57 插削进刀示例

插削将直接从指定的高度进刀到部件内部。在切削深度不大，或者切削材料硬度不高的情况下可以缩短进刀运行的距离。

（2）开放区域 设置开放区域的进刀方式。开放区域是指刀具可以凌空进入当前切削层的加工位置，也就是毛坯材料已被去除，在进刀过程中不会产生切削动作的区域。

开放区域的进刀类型有多个选项，如图3-58所示。图 3-59 所示为几种常用进刀类型的轮廓铣示例。

1）与封闭区域相同：使用封闭区域中设置的进刀方式。

2）线性：沿与加工路径相垂直方向的直线进刀。

3）线性-相对于切削：沿与切削路径相切方向延伸出一进刀段。

4）圆弧：以一个相切的圆弧作为切入段。

5）点：指定一个点作为进刀/退刀的位置。点是通过点构造器来指定的。

图 3-58 开放区域进刀类型

6）线性-沿矢量：根据一个矢量方向和距离来指定进刀运动，矢量方向是通过矢量构造器指定的，距离是指进刀运动的长度，通过键盘输入。

7）角度＋角度＋平面：根据两个角度和一个平面指定进刀运动。两个角度决定了进刀的方向，平面和矢量方向定义了进刀的距离。角度 1 是基于首刀切削方向测量的，起始于首刀切削的第一个点位，并相切于零件面，其逆时针为正值；角度 2 是基于零件面的法平面测量的，这个法平面包含角度 1 所确定的矢量方向，其逆时针为负值。

8）矢量平面：根据一个矢量和一个平面指定进刀运动。矢量方向是通过矢量构造器指定的，平面通过平面构造器指定，通过平面和矢量方向定义了进刀的距离。

9）无：没有进刀运动，或者取消已经存在的进刀设定。

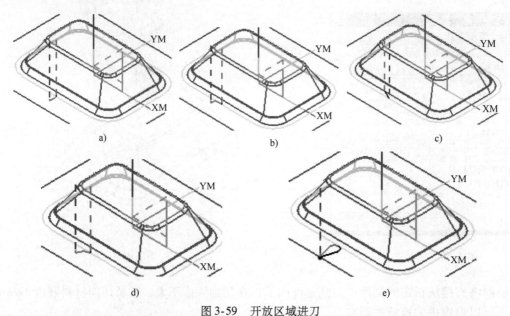

图 3-59　开放区域进刀

a）线性进刀　b）线性-相对于切削进刀　c）线性-沿矢量进刀　d）圆弧进刀　e）点进刀

应用： 在开放区域同样应该进行进刀设置，以避免刀具直接插入到零件表面，可以避免产生进刀痕迹。进行粗加工或者半精加工时，优先使用"线性"方式；在精加工时应该采用圆弧方式，尽可能地减少进刀痕迹。

2. 退刀

"退刀"选项用于定义刀具在切出零件时的距离和方向。

"退刀"选项参数的设置可与"进刀"选项相同（其实际是与开放区域的进刀类型及参数相同），也可以单独设置，其设置方法与"进刀"选项相同。图 3-60 所示为开放区域的进刀类型为"圆弧"，退刀类型为"线性"时的示例。

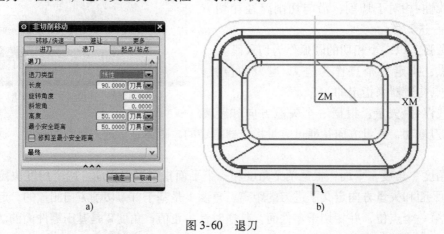

图 3-60　退刀

a）参数设置　b）刀轨示例

3. 起点/钻点

"起点/钻点"选项卡主要用于设置切削区域的起点以及预钻点，可以通过指定点来限制切削的开始位置。

"起点/钻点"选项卡如图 3-61 所示，用于设置起始切削的位置等相关选项，主要选项如下：

图 3-61　"起点/钻点"参数设置

（1）重叠距离　由于初始切削时的切削条件与正常切削时有所差别，在进刀位置可能产生较大让刀量，因而形成进刀痕迹，设置重叠距离将确保该处完全切削干净，消除进刀痕迹。使用重叠距离产生的刀轨如图 3-62 所示。

应用：在精加工时，设置一个重叠距离可以有效地去除进刀痕迹，同时也可以避免因为刀具误差或者机床误差造成的明显切削不到位。

（2）区域起点　指定切削加工的起始位置。可通过指定起点或默认区域起点来定义刀具进刀位置和步进方向。

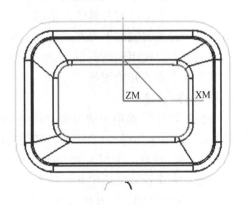

图 3-62　设置重叠距离后的刀轨

设置：使用"默认区域起点"选项，系统自动决定起点。默认的点位置可以是"角"或者是"中点"，如图 3-63 所示。

也可以指定点，系统将以选择的点为起点进行加工，以最靠近指定点的位置作为区域起始位置。图3-64 所示为指定区域起点的刀轨示例。在指定区域起点时，可以设置"有效距离"，当距离过大时，将忽略指定的点。

应用：通过指定区域起点，可以将进刀位置指定在对零件加工质量影响最小的位置，指定区域起点后系统将对齐进刀位置。

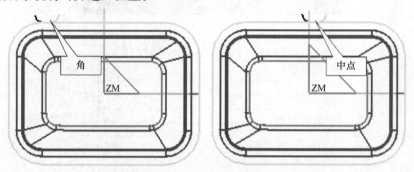

图 3-63　默认区域起点

（3）预钻点　平面铣或者型腔铣刀轨的开始点通常是由系统内部处理器自动计算得到的。指定预钻孔进刀点，刀具先移动到指定的预钻孔进刀点位置，然后下到被指定的切削层高度，接着移动到处理器生成的开始点进入切削。

设置：在"预钻点"下选择点，即以该点为预钻孔点，并且可以指定多个点为预钻点，此时系统将自动以最近的点为实际使用的点。

应用：在进行平面铣或型腔铣的粗加工时，为了改善下刀时的刀具受力情况，除了使用倾斜下刀或者螺旋下刀方式来改善切削

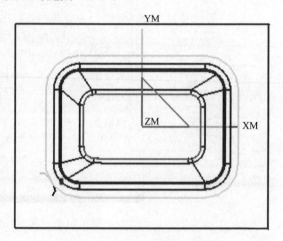

图 3-64　指定区域起点的刀轨示例

路径外，也可以使用预钻孔的方式，先钻好一个大于刀具直径的孔，再在这个孔的中心下刀，然后水平进刀开始切削。

4. 转移/快速

"转移/快速"选项卡的设置将指定如何从一个切削刀路移动到另一个切削刀路。"转移/快速"选项卡如图3-65 所示，其设置的选项如下所述。

（1）安全设置　在切削加工过程中将以该安全设置选项的参数作为安全距离进行退刀。

设置：安全设置选项包括4 种方式。

1）使用继承的：以几何体中设置的安全设置选项作为当前工序的安全设置选项。

2）无：不设置安全距离。

3）自动：以安全距离避开工件。安全距离是指当刀具转移到新的切削位置或者当刀具进刀到规定的深度时，刀具距工件表面的距离。

4）平面：指定一个平面作为安全距离。

应用：使用平面方式，每一次抬刀时将抬高到同一高度，是绝对值；而使用自动方式则

是每一次沿刀具轴线抬高相同的距离，是相对于切削层的高度。如果选择"使用继承的"，则一定要在选择的几何体中包含安全设置选项。

（2）区域之间　"区域之间"设置控制清除不同切削区域之间障碍的退刀、转移和进刀方式。

设置：区域之间的转移类型有 5 个选项，图 3-66 所示为不同选项的示意图。

1）安全距离：退刀到安全设置选项指定的平面高度位置。

2）前一平面。刀具将抬高到前一切削层上垂直距离高度。

3）直接。不提刀，直接连接到下一切削起点。

4）最小安全值。抬刀一个最小安全值，并保证在工件上有最小安全距离。

5）毛坯平面。抬刀到毛坯平面之上。

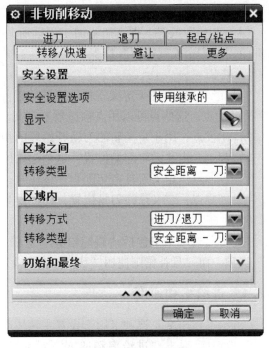

图 3-65　转移/快速

应用：通常来说，直接、最小安全值、前一平面、毛坯平面、安全距离的抬刀高度是渐次增加的，设置区域之间的转移类型必须考虑其安全性。

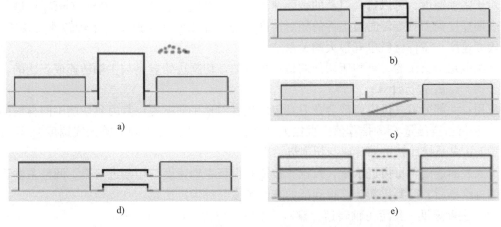

图 3-66　转移类型

a）安全距离　b）前一平面　c）直接　d）最小安全值　e）毛坯平面

（3）区域内　"区域内"设置表示在同一切削区域范围中刀的转移方式。

需要指定转移方式与转移类型，可以使用的转移类型与区域之间相同。转移方式则有如下 3 种。

1）进刀/退刀：以设置的进刀方式与退刀方式来实现转移。

2）抬刀/插铣：抬刀到一个指定的高度再移动到下一行起始处插铣下刀，进入切削。

3）无：直接连接。

应用："区域内"设置的是在同一区域内的转移方式，可以使用直接方式而不抬刀。

（4）初始和最终 指定初始加工逼近所采用的快速方式与最终离开时的快速方式，通常都使用"安全设置选项"以保证安全。

5. 避让

"避让"选项卡用于定义刀具轨迹开始以前和切削以后的非切削移动的位置，包括以下 4 个类型的点，这些点可以用点构造器来定义。

1）出发点：用于定义新的刀轨开始段的初始刀具位置。

2）起点：定义刀轨起始位置，这个起始位置可以用于避让夹具或避免产生碰撞。

3）返回点：定义刀具在切削程序终止时，刀具从零件上移到的位置。

4）回零点：定义最终刀具位置，往往设为与出发点位置重合。

6. 更多

"更多"选项卡中包括"碰撞检查"选项与"刀具补偿"选项，通常都打开"碰撞检查"选项，而刀具补偿则使用"无"，即不做刀具补偿。

3.2.4 进给率和速度

"进给率和速度"选项卡用于设置主轴速度与进给率，在工序对话框中单击"进给率和速度"按钮 🔧 弹出"进给率和速度"对话框，如图 3-67a 所示，可以展开进给率的"更多"项，显示不同运动状态的进给设置，如图 3-67b 所示。

（1）自动设置 在"自动设置"中输入表面速度与每齿进给量，通过计算得到主轴速度与切削进给率。

对于主轴速度，可以输入刀具的表面速度 v_c，由系统按公式 $n = 1000v_c / (\pi D_{ia})$ 进行计算。表面速度为刀具旋转时与工件的相对速度。铣削加工的曲面速度与主轴转速是相关的；同时表面速度与工件材料也有很大的关系。

进给值是由所用的刀具和所切削的材料决定的。切削进给量是与主轴转速成正比的，通常按公式 $f = znf_z$ 进行计算。

应用：大部分刀具供应商都会在刀具包装或者刀具手册上提供其刀具切削不同材料的线速度 v_c 和每齿进给量 f_z 的推荐值。根据刀具材料与被加工工件材料，输入线速度 v_c 和每齿进给量 f_z，由系统计算主轴转速与切削进给率。

输入表面速度与每齿进给量，按计算按钮 🔲 得到主轴速度与切削进给率。调整主轴速度与切削进给率后，需要重新计算得到新的表面速度与每齿进给量。

（2）主轴速度 指定主轴转速，输入数值的单位为 rpm（即 r/min）。

设置：直接输入主轴转速。在"更多"项中，主轴的旋转方向有三个选项，分别是主轴正转（CLW）、主轴反转（CCLW）和主轴不旋转（否）。除非绝对必要并有十分把握，否则主轴反转或者主轴不旋转是不应使用的。

应用：主轴速度是必须设置的选项，否则在加工中刀具不会旋转。对于通过自动设置计算所得的结果，也可以在此进行调整。

（3）进给率 指定切削进给率。切削进给率是指刀具加工工件进行切削时的进给速度，在 G 代码的数控加工程序文件中以"F _"来表示。

应用：进给量直接关系到加工质量和加工效率。一般来说，同一刀具在同样转速下，进

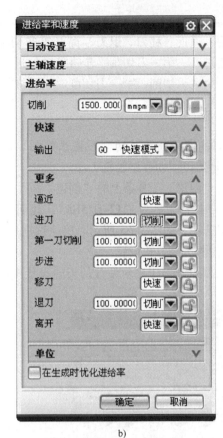

a)   b)

图 3-67 "进给率和速度" 对话框

给量越高，所得到的加工表面质量会越差。实际加工时，进给量与机床、刀具系统及加工环境等有很大关系，需要不断地积累经验。

（4）"进给率" 中的 "更多" 项 UG NX 软件提供了刀具在不同的运动类型下设定不同进给的功能。

设置：展开 "更多" 项，可以设置不同运动类型下的进给率。在 "进给率" 各项的后面都有单位选择，可以设置为 mmpm（即 mm/min）或者是 mmpr（即 mm/r），或者选择切削进给率的百分比、快速移动。

1）快速："快速" 项用于设置快速运动时的进给率，通常指定输出方式为 "G0"。

2）逼近："逼近" 项用于设置接近速度，即刀具从起刀点到进刀点的进给率。在平面铣或型腔铣中，接近速度控制刀具从一个切削层到下一个切削层的移动速度。

3）进刀："进刀" 项用于设置进刀速度，即刀具切入零件时的进给速度。

4）第一刀切削：设置水平方向第一刀切削时的进给率。

5）步进：设置刀具进入下一行切削时的进给率。

6）移刀：设置刀具从一个切削区域跨越到另一个切削区域时做水平非切削移动时刀具移动速度。

7）退刀：设置退刀速度，指刀具切出零件材料时的进给率，即刀具完成切削退刀到退刀点的运动速度。

8）离开：设置离开速度，即刀具从退刀点到返回点的移动速度。

应用：逼近、移刀、退刀、离开等非切削运动的进给率设置为快速方式，使用 G00 快速定位；进刀、第一刀切削、步进等项的进给率可以使用相对于切削进给率稍慢的速度。在进刀时产生底刃切削，第一刀切削时刀具嵌入材料可以设置相对较低的进给率。

【任务实施】

1. 创建侧面精加工的型腔铣工序

◆ 步骤 13　创建型腔铣工序

单击"创建"工具条上的"创建工序"按钮，在"创建工序"对话框中选择子类型为型腔铣，选择刀具为"T2-D25R5"，几何体为"WORKPIECE"，方法为"MILL_FINISH"等各个组选项，如图 3-68 所示。确认选项后单击"确定"按钮进行型腔铣工序的创建。

◆ 步骤 14　刀轨设置

在"型腔铣"工序对话框的刀轨设置中选择切削模式为"轮廓"，如图 3-69 所示。

图 3-68　创建工序

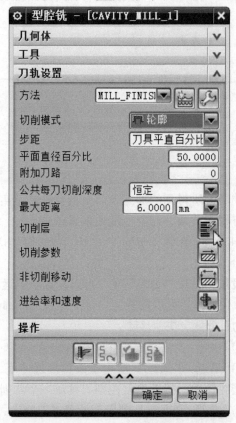

图 3-69　刀轨设置

◆ 步骤 15　设置切削层

在刀轨设置中单击"切削层"按钮，系统打开"切削层"对话框，如图 3-70 所示。在列表中选择范围 4，单击按钮删除该范围。再选择范围 2，在上方的范围深度值中输入"34"。在"范围"组中设置最大距离为"0.3"，再在列表中选择范围 3，在上方的"范围定义组"中设置每刀切削深度为"0.4",如图 3-71 所示。

图 3-70　切削层

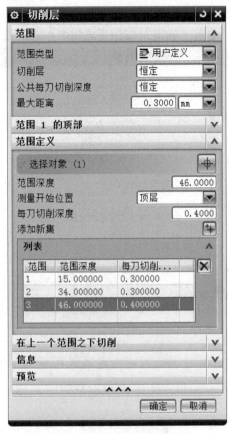

图 3-71　切削范围设置

　　在图形上显示的切削范围与切削层如图 3-72 所示。单击"确定"按钮返回"型腔铣"工序对话框。

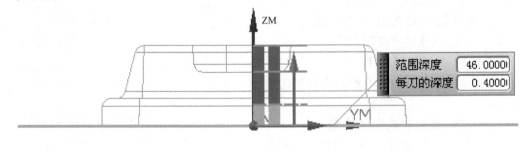

图 3-72　显示切削范围与切削层

◆ 步骤 16　设置切削策略参数

　　在"型腔铣"工序对话框中，单击按钮 进入"切削参数"对话框。首先打开"策略"选项卡，设置切削顺序为"深度优先"，按区域进行加工，如图 3-73 所示。

◆ 步骤 17　设置余量参数

单击打开"切削参数"对话框顶部的"余量"选项卡，如图3-74所示，设置余量与公差参数。设置所有余量均为"0"，内、外公差值为"0.003"。

单击"确定"按钮完成切削参数的设置，返回"型腔铣"工序对话框。

图3-73 "策略"选项卡

图3-74 "余量"选项卡

◆ **步骤18** 设置进刀选项

在"型腔铣"工序对话框中单击"非切削移动"后的按钮，打开"非切削移动"对话框，首先显示"进刀"选项卡，如图3-75所示，设置进刀参数，封闭区域的进刀类型为"与开放区域相同"，开放区域的进刀类型为"圆弧"，半径为"3"，高度与最小安全距离均为"0"。

◆ **步骤19** 设置退刀参数

在"退刀"选项卡中，设置退刀类型为"与进刀相同"。

◆ **步骤20** 设置起点/钻点参数

在"起点/钻点"选项卡中，设置重叠距离为"2"，如图3-76所示。

展开"区域起点"组，选择指定点图标，在图形上选择下边线的中点，如图3-77所示。

◆ **步骤21** 设置转移/快速参数

在"转移/快速"选项卡中，设置安全设置选项为"使用继承的"，指定区域之间的转移类型为

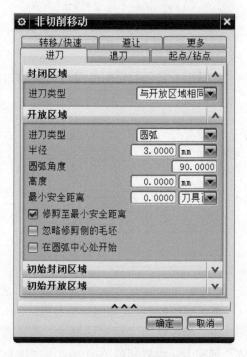

图3-75 "进刀"选项卡

"安全距离-刀轴",区域内的转移类型为"直接",如图 3-78 所示。

单击鼠标中键返回"型腔铣"工序对话框。

图 3-76 "起点/钻点"选项卡

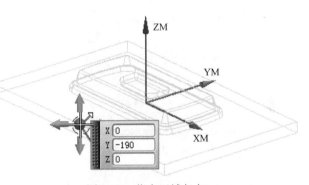

图 3-77 指定区域起点

◆ 步骤 22 设置进给率和速度

单击"进给率和速度"后的按钮，则弹出"进给率和速度"对话框，设置表面速度为"200"，每齿进给量为"0.242"，单击计算按钮进行计算，得到主轴转速与切削进给量，如图3-79 所示。

将切削进给取整，设置为"1200"，单击进给率下的"更多"，设置进刀为"50"的切削百分比，如图 3-80 所示。

单击鼠标中键返回"型腔铣"工序对话框。

◆ 步骤 23 生成刀轨

在工序对话框中单击"生成刀轨"按钮，计算生成刀轨。计算完成的刀轨如图 3-81 所示。

◆ 步骤 24 检验刀轨

对刀轨进行检验。图 3-82 所示为对中间部位的局部刀轨检验，也可以进行刀轨确认与可视化检验。

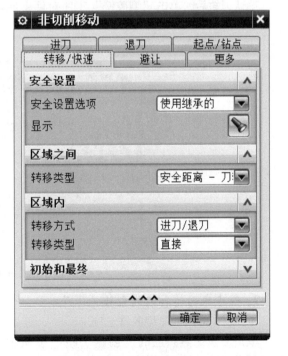

图 3-78 "转移/快速"选项卡

图 3-79　进给率和速度

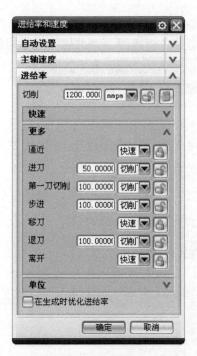

图 3-80　更多

◆ 步骤 25　确定工序

确认刀轨后，单击"型腔铣"工序对话框底部的"确定"按钮，接受刀轨并关闭工序对话框。

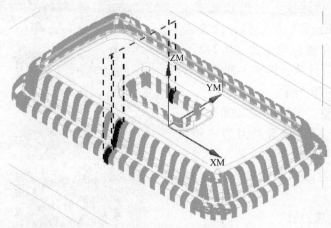

图 3-81　生成刀轨

2. 创建底面精加工的型腔铣工序

◆ 步骤 26　创建型腔铣工序

单击创建工具条上的"创建工序"按钮 ，选择型腔铣的类型及各个选项组，如图 3-83 所示。确认选项后单击"确定"按钮，打开"型腔铣"工序对话框，如图 3-84 所示。

◆ 步骤 27　指定切削区域

在工序对话框的几何体组中单击指定"切削区域"按钮 ，在图形上拾取水平面与凹

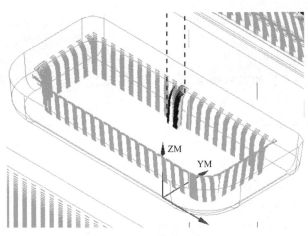

图 3-82　检验刀轨

槽的底面，如图 3-85 所示。

图 3-83　创建工序

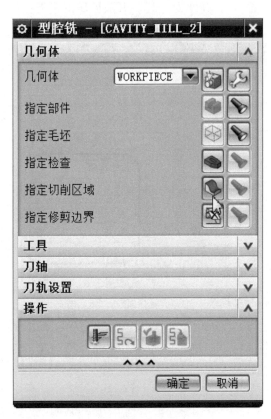

图 3-84　型腔铣

◆ 步骤 28　刀轨设置

在"型腔铣"工序对话框中选择切削模式为"往复"，步距为"恒定"，最大距离为"10"，公共每刀切削深度为"恒定"，最大距离为"0"，如图 3-86 所示。

◆ 步骤 29　设置切削策略参数

在工序对话框中，单击按钮进入"切削参数"对话框。首先打开"策略"选项卡，

设置参数如图 3-87 所示，指定壁清理为
"在终点"。

◆ 步骤30　设置余量参数

打开"余量"选项卡，如图 3-88 所示，
去掉"使底面余量与侧面余量一致"选项
的勾选，设置部件侧面余量为"0.2"，设
置内、外公差值均为"0.003"。

单击"确定"按钮完成切削参数的设
置，返回"型腔铣"工序对话框。

◆ 步骤31　设置进退刀选项

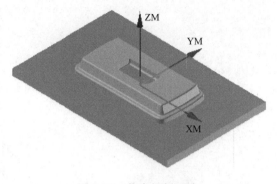

图 3-85　指定切削区域

在"型腔铣"工序对话框中单击"非切削移动"的按钮，则弹出"非切削移动"对
话框，首先显示"进刀"选项卡，如图 3-89 所示，设置进刀参数，封闭区域的进刀类型为
"插削"，高度为"3"，开放区域的进刀类型为"线性"，长度为刀具直径的"50%"。

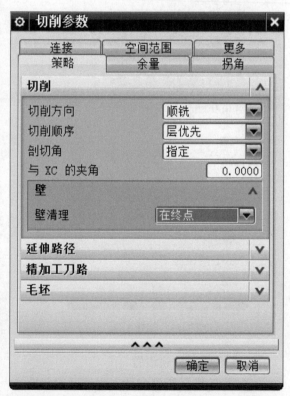

图 3-86　刀轨设置　　　　　　　图 3-87　"策略"选项卡

图 3-88 "余量"选项卡

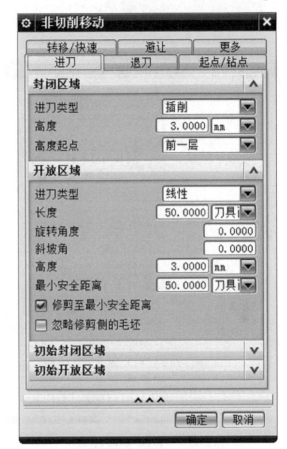

图 3-89 设置进刀参数

◆ 步骤 32 设置转移/快速参数

在"转移/快速"选项卡中，设置安全设置选项为"使用继承的"，指定区域之间的转移类型为"安全距离-刀轴"，区域内的转移类型为"安全距离-刀轴"，如图 3-90 所示。

单击鼠标中键返回"型腔铣"工序对话框。

◆ 步骤 33 设置进给率和速度

单击"进给率和速度"的按钮，则弹出"进给率和速度"对话框，设置主轴转速为"2500"，将切削进给率设为"1200"，单击计算按钮进行计算，得到表面速度与每齿进给量，如图 3-91 所示。

单击鼠标中键返回型腔铣工序对话框。

◆ 步骤 34 生成刀轨

在"型腔铣"工序对话框中单击"生成"按钮计算生成刀轨。计算完成的刀轨如图 3-92 所示。

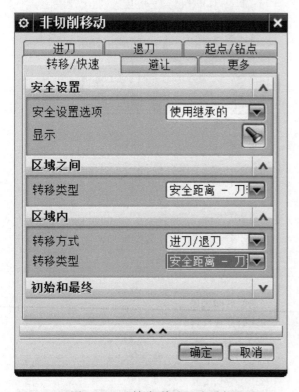

图 3-90　"转移/快速"选项卡

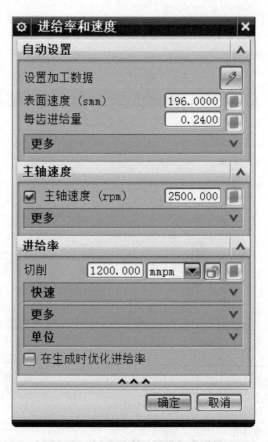

图 3-91　"进给率和速度"对话框

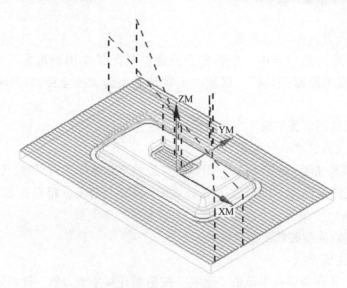

图 3-92　生成刀轨

◆ 步骤 35　检验刀轨

对刀轨进行检验。图 3-93 所示为俯视图下重播的刀轨检验,也可以进行刀轨确认与可视化检验。

◆ **步骤 36** 确定工序

确认刀轨后单击"型腔铣"工序对话框底部的"确定"按钮，接受刀轨并关闭工序对话框。

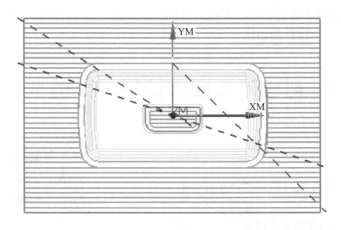

图 3-93 重播刀轨

【任务总结】

1. 侧面精加工工序创建任务总结

创建侧面精加工工序时采用的是"轮廓"切削模式，即只沿零件表面进行精加工。在完成本任务时，需要注意以下几点：

1）选择轮廓加工，附加刀路为"0"时，步距不起作用，无须设置。

2）在工序对话框中，可以不设置公共每刀切削深度，而直接在切削层设置中进行指定。

3）在切削层设置时，需要删除底部的范围，避免在底部生成刀轨。

4）切削层设置时指定上半部分的切削深度为"0.3"，而下半部分为"0.4"，需要为不同的切削范围指定每刀切削深度。

5）选择"深度优先"方式，将凹槽部分与外轮廓分开加工，避免过多的抬刀。

6）在进刀设置中，封闭区域的进刀类型选择"与开放区域相同"，在精加工时生成圆弧进、退刀的路径。

7）精加工侧壁时，设置一段重叠距离有助于消除进刀痕迹。

8）指定下方中点为起点，可以方便观察程序开始的加工位置。

9）在转移设置中，可以将区域内的转移类型设置为"直接"，以减少空行程。

10）在进给设置中，可以输入表面速度与每齿进给量，计算后再进行取整。

2. 底面精加工工序创建任务总结

创建底面精加工工序时采用的切削模式为"往复"，在完成本任务时，需要注意以下几点：

1）指定切削区域，只在指定的区域上生成刀轨。

2）在刀轨设置中设置公共每刀切削深度的最大距离为"0"，将只生底部的一个切削层，相当于选择了切削层"只在范围底部"。

3）在余量设置时将部件侧面余量设置为"0.2"，避免对侧壁的重复加工形成刀痕。

4）由于底面的加工余量不大，因此可以采用"插削"方式进行封闭区域的进刀，而不用螺旋方式，以免产生较长的切削路径。

任务 3-3 创建侧面底部清根加工的型腔铣工序

【学习目标】

➤ 掌握工序导航器的对象复制与粘贴操作。
➤ 能应用工序导航器管理创建的工序。
➤ 能编辑创建好的工序等对象。

【任务分析】

由于侧面加工采用了带圆角的刀具，因此会在根部留有残料，需要进行清根加工。清根加工选择一把平底刀，其加工对象与加工方式及参数均与侧面精加工相同，因此可以复制工序并进行少量的修改来完成工序的创建。

【知识链接 工序导航器中的对象操作】

在工序导航器中可以进行多种针对选择对象的操作管理，包括对象的编辑、删除、复制与粘贴等操作，可以操作的对象包括几何体、刀具、方法、程序与工序。通过复制对象，可以减少重复的参数设置。

在工序导航器中选择对象，单击鼠标右键，弹出图 3-94 所示的快捷菜单，其中许多菜单的功能与主菜单中的菜单项和工具条中的按钮功能相同。

对选择的对象可以直接进行操作，最常用的操作有编辑、剪切、粘贴、删除等。

1. 编辑

功能：编辑选择的对象，会出现相应的所选对象（工序或组）的编辑对话框，供用户进行参数修改。

应用：在快捷菜单中选择"编辑"命令，出现所选对象（工序或组）的编辑对话框，进行参数修改。如果选择了多个对象，则根据对象在工序导航工具中的排列顺序，依次显示相应编辑对话框供用户进行参数编辑。

2. 剪切和复制

功能：这两个命令用于在工序导航器中剪切或复制所选对象到剪贴板上，以便将所选对象粘贴到不同的位置。剪切将不保留选择的对象。

应用：对于类似的工序，可以复制该工序，在粘贴后修改部分参数使之成为新的工序。

图 3-94　工序导航工具的弹出菜单

3. 粘贴与内部粘贴

功能：该命令将先前剪切或复制的对象粘贴到指定位置，并与当前选择的对象关联。粘贴与内部粘贴的区别在于：用粘贴的对象与所选对象同级，而用内部粘贴的对象在所选对象的下一级。图 3-95 所示为两者的区别。

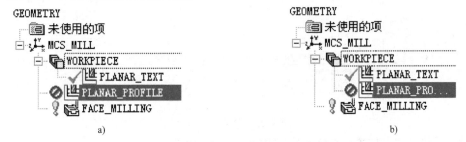

图 3-95　粘贴与内部粘贴
a）粘贴　b）内部粘贴

应用：使用剪切和粘贴可以重新排列各个工序的顺序，或直接修改工序的父组；另外，也可以直接选择对象进行拖动，相当于剪切/粘贴。

4. 删除

功能：永久删除选择的对象，所选对象中包含的组和工序也全部被删除。

应用：对于创建错误的，不需要保留的对象，可以将其删除。

【任务实施】

复制侧面精加工工序再进行编辑，生成清角加工工序的过程如下：

◆ **步骤 37**　显示工序导航器机床视图

单击"工序导航器"按钮 ，显示工序导航器。在导航器工具上单击"机床视图"按钮 ，切换到工序导航器的机床视图。

◆ 步骤 38　复制工序

选择刀具"T2-D25R5"下的型腔铣工序"CAVITY_MILL_1",在图形上显示该刀轨。确认该刀轨为侧面精加工的型腔铣工序后,单击鼠标右键,在弹出的快捷菜单上选择"复制"命令,如图 3-96 所示,复制该工序。

◆ 步骤 39　粘贴工序

移动光标到刀具"T3-D10R0"上,单击鼠标右键,在弹出的快捷菜单上选择"内部粘贴"命令,如图 3-97 所示。在"T3-D10R0"刀具组下将出现工序"CAVITY_MILL_1_COPY",该工序前面显示为"⊘",后面显示标记"✗",如图 3-98 所示。

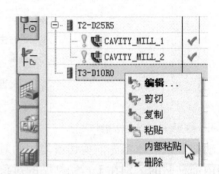

图 3-96　复制工序　　　　　　　　　　　　图 3-97　内部粘贴

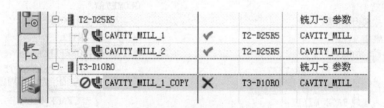

图 3-98　复制的工序

◆ 步骤 40　编辑工序"CAVITY_MILL_1_COPY"

显示工序导航器,双击工序"CAVITY_MILL_1_COPY",打开"型腔铣"工序对话框,如图 3-99 所示。在刀轨设置中单击"切削层"按钮,系统打开"切削层"对话框,如图 3-100 所示。指定范围 1 顶部的 ZC 坐标值为"5",则列表将只剩一个范围,指定每刀切削深度为"0.2"。单击"确定"返回工序对话框。单击工序对话框底部的"确定"按钮,完成设置并关闭工序对话框。

◆ 步骤 41　生成刀轨

显示工序导航器。选择工序"CAVITY_MILL_1_COPY",在工具条上选择"生成刀轨"按钮进行刀轨生成,在刀轨计算完成后将显示刀轨,如图 3-101 所示。

◆ 步骤 42　确认刀轨

显示工序导航器。在空白处单击鼠标右键,选择"程序顺序视图",再选择顶部的程序"NC_PROGRAM",如图 3-102 所示,在工具条上单击"确认"按钮,弹出可视化刀轨对话框,在对话框中部单击"2D 动态",单击"播放"按钮开始实体仿真切削。图 3-103 所示为动态过程。

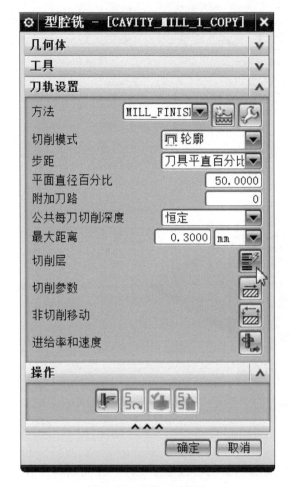

图 3-99　编辑工序参数

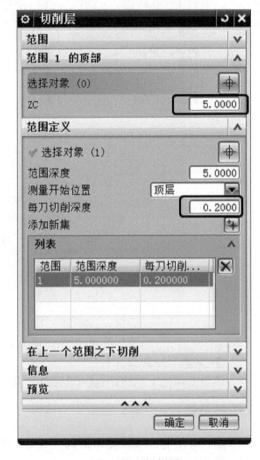

图 3-100　切削层

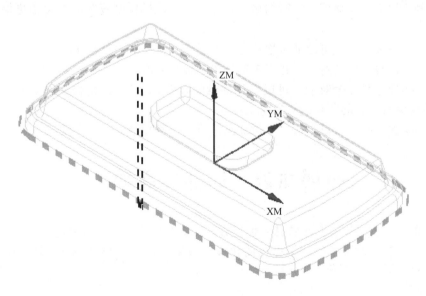

图 3-101　生成刀轨

名称	换刀	刀轨	刀具	刀具号	时间	几何体	方法
NC_PROGRAM					06:55:20		
未用项					00:00:00		
PROGRAM					00:00:00		
CAVITY_MILL		✓	T1-D50R6	1	04:03:08	WORKPIECE	MILL_ROUGH
CAVITY_MILL_1		✓	T2-D25R5	2	02:13:54	WORKPIECE	MILL_FINISH
CAVITY_MILL_2		✓	T2-D25R5	2	00:15:37	WORKPIECE	METHOD
CAVITY_MILL_1_COPY		✓	T3-D10R0	3	00:22:05	WORKPIECE	MILL_FINISH

图 3-102　工序导航器 – 程序顺序

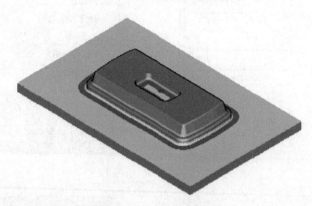

图 3-103　2D 动态过程

◆ 步骤 43　保存文件

单击工具栏上的按钮 ，保存文件。

【任务总结】

本任务是通过复制侧面精加工工序创建一个局部加工的清根加工工序。在完成本任务时，需要注意以下几点：

1）复制工序后，应该即刻进行粘贴，如进行了其他操作则复制的对象不再保留，需要重新复制。

2）在工序导航器中，可以通过拖动工序来改变位置，即变更其父组。

3）双击工序导航器的对象，相当于选择了"编辑"命令。

4）如果需要选择多个对象，可以按住键盘的 < Ctrl > 键进行选择或者反选；选择上层选项时，将选中其下属的所有组对象与工序。

5）切削层设置时，可以直接输入顶部坐标值，指定开始加工的高度。

拓展知识　局部等高加工

型腔铣的子类型中，有几个特殊的加工方式，其只生成局部区域的切削刀轨。使用这些加工子类型，在特定的加工条件下可以简化程序设置。这些子类型包括：![icon]剩余铣、![icon]拐角粗加工与![icon]深度加工拐角。

1. 剩余铣

剩余铣也称为残料铣削，用于切削前一刀具无法加工到的剩余材料。

创建工序时，在 mill _ contour 模板中选择工序子类型，如图 3-104 所示，创建剩余铣工序，工序对话框如图 3-105 所示。可以看到，其与型腔铣工序的选项是完全相同的。

图 3-104 创建操作

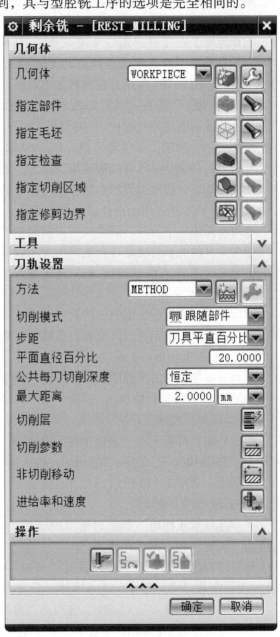

图 3-105 剩余铣

剩余铣常用于形状较为复杂，且凹角比较多的零件加工。例如在粗加工较大型零件时，为了保证效率，需要选择直径较大的刀具进行粗加工，但由于刀具直径较大，在细小的窄槽处将无法进入而会留下较多残料。对于这种残料，就可以选择剩余铣方式来创建一个工序，使用较小的刀具来清除前一刀具无法加工的部位。

剩余铣工序的创建与型腔铣工序的创建是相同的，但是它将自动以前面工序残余的部分材料作为毛坯进行加工，因而当前面的任一工序编辑之后，剩余铣的刀轨就需要重新生成。

2. 拐角粗加工

拐角粗加工在工件凹角或窄槽位置，以较小直径的刀具直接加工前面较大直径刀具无法加工到位的残余材料。图 3-106 所示为拐角粗加工示例。

"拐角粗加工"工序对话框如图 3-107 所示。可以看到，与普通的型腔铣相比，"拐角粗加工"对话框中增加了一个选项，即参考刀具。UG NX 软件引

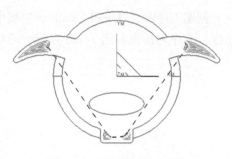

图 3-106　拐角粗加工示例

入了参考刀具功能，可以智能快速地识别上一把刀具加工时残留的未切削部分，将其设置为本次切削的毛坯，按照设置的参数生成刀路轨迹。

"参考刀具"选项用于选择前一加工刀具，可以在下拉列表中选择一个刀具作为参考刀具，也可以新建一个刀具，其方法与刀具组中设置相同。

参考刀具的大小将决定残余毛坯的大小以及本次加工的切削区域。在设置参考刀具时，不一定是前面工序使用的刀具，可以按需要的大小自定义。

3. 深度加工拐角

深度加工拐角只沿轮廓侧壁清除前一刀具残留的部分材料，是一种角落精加工的方式。深度拐角加工可以指定切削区域和设置陡峭空间范围，特别适用于垂直方向的清角加工。图 3-108 所示为深度拐角加工示例。

下面以本项目中的顶部凹槽角落为例，创建一个深度加工拐角的工序。该凹槽前面已经使用 D25R5 的刀具进行精加工，实际角落大小为 R6mm，有部分残料。

◆ 步骤44　创建工序

单击创建工具条上的"创建工序"按钮，选择工序子类型为深度加工拐角，选择刀具为"T3-D10R0"，如图3-109所示。确认选项后单击"确定"按钮，打开"深度加工拐角"对话框，如图 3-110 所示。

◆ 步骤45　刀轨设置

在"深度加工拐角"操作对话框中选择参考刀具为"T2-D25R5"，指定公共每刀切削深度为"恒定"值，最大距离为"0.2"。

打开"切削参数"对话框，设置"策略"选项卡中的切削顺序为"深度优先"，如图 3-111 所示。在"空间范围"选项卡中，设置重叠距离值为"0.5"，如图 3-112 所示。

打开"非切削移动"对话框，进行进刀参数设置，设置封闭区域进刀类型为"无"，开放区域进刀类型为"圆弧"，半径为"2"；打开"转移/快速"选项卡，设置安全设置选项为"自动平面"，安全距离为"20"，区域内转移类型为"直接"。

在"进给率和速度"对话框中，设置主轴转速为"4000"，切削进给率为"1200"。

◆ 步骤46　生成刀轨操作

完成刀轨设置后，在工序对话框中单击"生成"按钮，计算生成刀轨。计算完成的刀轨如图 3-113 所示。

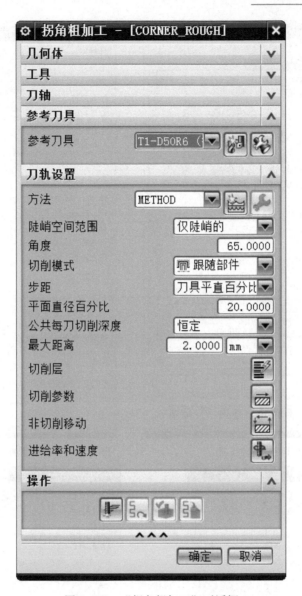

图 3-107 "拐角粗加工"对话框

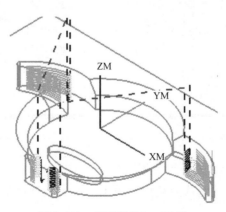

图 3-108 深度拐角加工示例

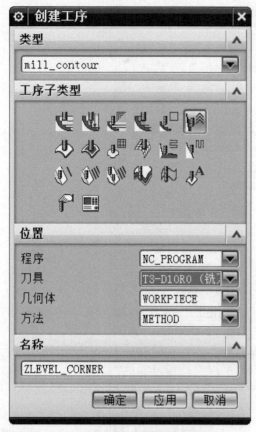

图 3-109 创建工序

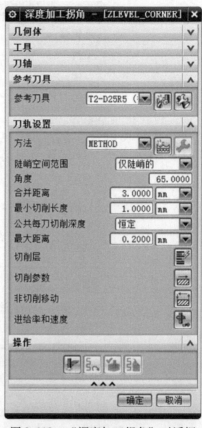

图 3-110 "深度加工拐角"对话框

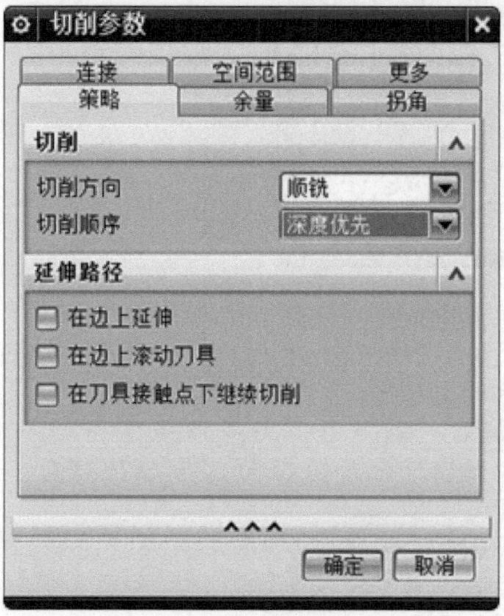

图 3-111 策略

图 3-112 空间范围

◆ 步骤 47 确定工序

对生成的刀轨进行检验,确认刀轨后,单击工序对话框底部的"确定"按钮,接受刀轨并关闭工序对话框。

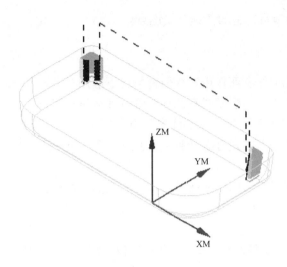

图 3-113　生成刀轨

练习与评价

【回顾总结】

本项目完成工具箱盖凸模的数控编程，通过 3 个任务掌握 UG NX 软件编程中型腔铣的创建以及刀轨设置选项相关知识与技能。图 3-114 所示为本项目总结的思维导图，左侧为知

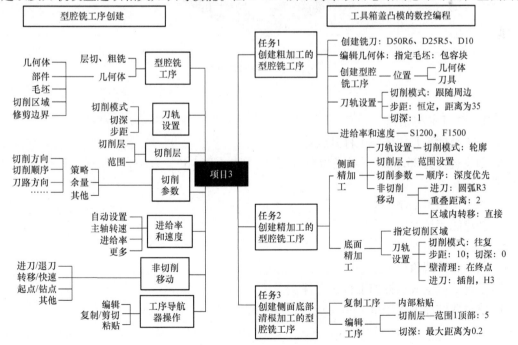

图 3-114　项目 3 总结

识点与技能点，右侧为项目实施的任务及关键点。

【思考练习】

1. 指定切削区域几何体有何作用？在何种情况下应用？

2. 型腔铣刀轨设置中，切削模式有几种？各有什么特点？

3. 切削顺序的"层优先"与"深度优先"有何区别？

4. 封闭区域常用的进刀方式有哪几种？开放区域常用的进刀方式有哪几种？

5. 型腔铣工序创建时，切削层如何进行增加、删除、调整？

扫描二维码进行测试，完成 22 个选择判断题。

【自测项目】

完成图 3-115 所示某盒体凸模（E3. PRT）的数控加工程序创建。

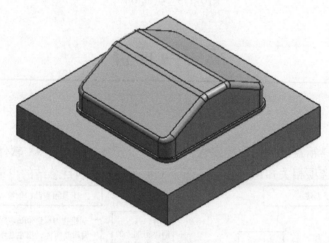

图 3-115 自测项目 3

具体工作任务包括：

1. 创建坐标系几何体与工件几何体。

2. 创建直径为 25mm、下半径为 5mm 的刀具 T1 – D25R5，直径为 16mm、下半径为 0 的刀具 T2 – D16。

3. 创建粗加工工序。

4. 创建侧面精加工工序。

5. 创建底面精加工工序。

6. 创建底部清角加工工序。

7. 后置处理生成数控加工程序文件。

8. 填写数控加工程序单。

【学习评价】

序号	评价内容	达成情况		
		优秀	合格	不合格
1	扫码完成基础知识测验题，测验成绩			
2	能正确选择型腔铣工序的父本组			
3	能正确指定型腔铣工序的切削区域、修剪边界几何体			
4	能正确设置型腔铣工序的刀轨设置参数			
5	能正确设置型腔铣工序的切削参数			
6	能正确设置型腔铣工序的非切削移动选项			
7	能正确设置型腔铣工序的进给率和速度参数			
8	能设置合理参数完成粗加工的型腔铣工序创建			
9	能设置合理参数完成精加工的型腔铣工序创建			
	综合评价			

存在的主要问题：

项目 4

泵盖的数控编程

项目概述

本项目要求完成泵盖（见图 4-1）的数控加工编程，零件材料为铝合金，文件名称为 T4. prt。

该零件需要加工外轮廓、凹槽、顶面、孔，其中外轮廓与凹槽应该分粗加工与精加工进行加工。通过本项目学习掌握 UG NX 软件编程中平面铣与钻孔工序的创建与应用。

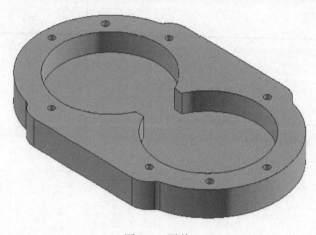

图 4-1　泵盖

学习目标

➢ 掌握平面铣的特点与应用。

➢ 掌握平面铣的几何体类型及其选择方法。

➢ 掌握平面铣的切削深度设置方法。

➢ 能够正确设置参数，创建平面铣工序。

➢ 能够正确创建顶面加工的面铣削工序。

➢ 能够创建侧面精加工的平面轮廓铣工序。

➢ 能够正确创建钻孔加工的工序。

任务 4-1　创建凹槽粗加工的平面铣工序

【学习目标】

➢ 了解平面铣与型腔铣的异同。
➢ 掌握平面铣工序的特点与应用。
➢ 掌握平面铣应用的几何体类型。
➢ 理解平面铣切削层设置的选项。
➢ 能够正确选择边界几何体。
➢ 能够合理设置平面铣的切削层。
➢ 能够正确设置参数创建平面铣工序。

【任务分析】

零件的外轮廓与凹槽侧壁均是垂直面，上下形状完全一致，可以使用 UG NX 软件中的平面铣工序进行加工。

【知识链接　平面铣】

4.1.1　平面铣简介

平面铣加工过程中，水平方向的 X、Y 两轴联动加工，而 Z 轴方向的运动只在完成一层加工后进入下一层时才进行。

平面铣只能加工与刀具轴线垂直的几何体，所以平面铣一般加工的是直壁垂直于底面的零件。平面铣建立的平面边界定义了零件几何体的切削区域，并且一直切削到指定的底平面。每一层刀轨除了深度不同外，形状与上一个或下一个切削层严格相同。也就是说，平面铣只能加工出直壁平底的工件。

1. 平面铣与型腔铣的相同点

平面铣和型腔铣工序都是在水平切削层上创建刀轨，用来去除工件上的材料余量，两者有很多相同或相似之处。

1）两者的刀具轴线都垂直于切削层平面，生成的刀轨都是按层进行切削，完成一层切削后再进行下一层的切削。

2）所用的切削方法基本相同，都包含区域切削和轮廓铣削。

3）大部分选项参数相同，如刀轨设置中的切削参数、非切削移动、角控制、进给率和速度，以及机床控制等选项。

2. 平面铣与型腔铣的不同点

平面铣与型腔铣的不同点有：

1）几何体定义方式不同。平面铣用边界定义零件材料。边界是一种几何实体，可用曲线/边界、面（平面的边界）、点定义临时边界或选用永久边界。而型腔铣可用任何几何体以及曲面区域和小面模型来定义零件材料。

2）切削层深度的定义不同。平面铣通过所指定的边界和底面的高度差来定义总的切削深度，并且有5种方式定义切削深度；而型腔铣通过切削范围与切削层来定义切削深度。

3）切削参数选项有所不同。切削参数中大部分参数都是一样的，但平面铣的参数选项要稍少一些。

平面铣用于直壁的、岛屿顶面和槽腔底面为平面零件的加工。平面铣有它独特的优点，它可以无须作出完整的造型而可以依据2D图形直接进行刀路轨迹的生成；它可以通过边界和不同的材料侧方向，定义任意区域的任一切削深度；它调整方便，能很好控制刀具在边界上的位置。

一般情形下，对于直壁的、水平底面为平面的零件，常选用平面铣工序进行粗加工和精加工，如加工产品的基准面、内腔的底面、敞开的外形轮廓等，在薄壁结构件的加工中，平面铣广泛使用。通过设置不同的切削方法，平面铣可以完成挖槽或者是轮廓外形的加工。

创建平面铣工序的步骤与创建型腔铣相似，选择类型为"mill_ planar"，子类型为"Ｅ"，创建平面铣工序，如图4-2所示。接下来将在工序对话框中从上到下进行设置，包括指定几何体、选择刀具、设置刀轨设置的选项参数，再打开下级对话框进行切削参数、非切削移动、进给率和速度等参数的设置，完成设置后生成刀轨并检验，最后确定完成平面铣工序的创建。

4.1.2　平面铣的几何体

平面铣加工时，其刀路轨迹是由边界几何体所限制的，在工序对话框中，可以看到几何体中有部件边界、毛坯边界、检查边界、修剪边界和底面，如图4-3所示。

图4-2　创建平面铣工序

图4-3　平面铣的几何体

1. 几何体父节点组

功能：选择工序将要继承的几何体定义的位置，几何体的选择确定当前工序在工序导航器 - 几何视图中所处的位置。

设置：几何体父节点组可以从下拉选项中选择一个已经创建的几何体，选择的几何体将包含已经设定的坐标系位置、安全选项设置、部件几何体、毛坯几何体、检查几何体等。

应用：在平面铣工序中，只有边界是不能进行可视化刀轨确认的，而如果选择了一个包括有毛坯几何体的几何体父节点组就可以进行可视化的刀轨确认。

2. 部件边界

功能：部件边界用于描述完成的零件，控制刀具运动的范围。

应用：部件边界是平面铣工序必需的加工对象，选择中要特别注意其材料侧。

3. 毛坯边界

功能：毛坯边界用于描述将要被加工的材料范围。

应用：毛坯边界可以限制加工范围，对于凸出的零件通常需要选择毛坯边界。选择时注意其材料侧是被切除的部分。

4. 检查边界

功能：检查边界几何体用于描述刀具不能碰撞的区域，是刀具在切削过程中要避让的几何体。

应用：检查边界通常用于在部件边界范围内部分不需要加工到底面的部分的边界设置。

5. 修剪边界

功能：修剪几何体用一个边界对生成的刀轨做进一步的修剪。

应用：修剪边界几何体可以限定生成刀轨的切削区域，如指定局部加工或者角落加工。另外在凸模加工时，指定修剪边界几何体也可以作为边外界限制生成刀轨。

6. 底面

功能：底面用于指定平面铣工序加工的最低平面位置。

设置：单击工序对话框中的"指定底面"图标，弹出如图 4-4 所示的"平面"对话框。用于选择平面位置，并可以指定偏置值。

指定底面后将以虚线三角线显示其平面位置，如图 4-5 所示。

图 4-4 "平面"对话框

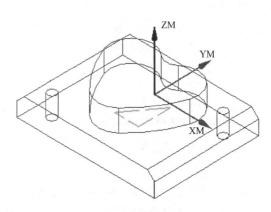

图 4-5 选中的底平面

应用：底面是平面铣工序中必须选择的，而且只能选择与刀具轴垂直的平面，不能选择非平面的曲面。

底面只能选择一个面，再次指定底面将删除原先指定的底面。

在底面指定时，可以先指定平面的类型为"XC - YC 平面"，再指定偏置距离，即相当于直接指定 Z 坐标值。

4.1.3 边界选择

在对话框中选择一种边界几何体类型后，则打开边界几何体对话框，各种边界几何体都可以通过选择面、曲线、点和永久边界进行定义。

1. "面"模式

"面"模式是默认的边界选择模式，选择面并以其边缘作为边界几何体。图 4-6 为"面"模式创建边界的对话框。在选取面之前要先设置选项参数。

（1）材料侧　定义工件的材料在边界的"内部"或"外部"，以确定切削范围。图 4-7 所示为同一部件边界几何体设置不同的材料侧生成的刀轨。

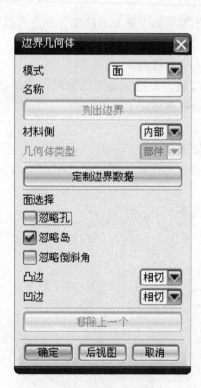

图 4-6　面选择参数

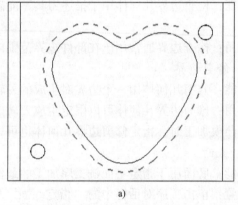

a)

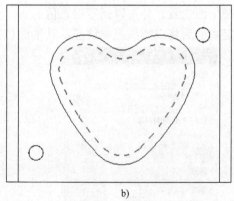

b)

图 4-7　材料侧

a）材料侧为"内部"　b）材料侧为"外部"

应用：指定不同类型的边界，材料侧的设置与判断有所不同。部件边界的材料侧为保留部分；毛坯边界的材料侧为切除部分；检查边界的材料侧是保留部分；修剪边界的材料侧

（裁剪侧）为不保留刀轨的部分。设置错误或忘记设置材料侧（裁剪侧）参数将可能导致刀轨生成错误或失败。

（2）忽略孔/岛/倒斜角　在选择"面"模式时，可以选择是否忽略面中孔/岛屿的边缘以及是否忽略倒斜角。如果选择这一选项，将不考虑在面上的一些细节特征。图 4-8 所示为选择不同忽略选项所指定的边界示例。

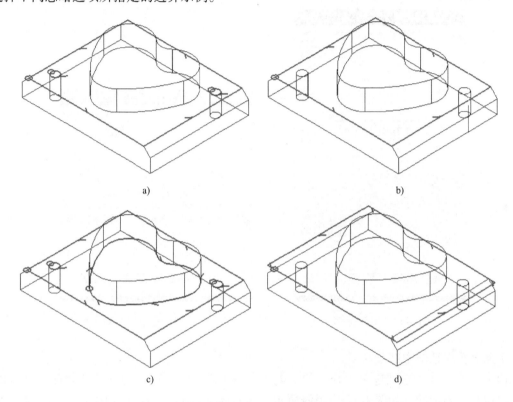

图 4-8　不同的忽略选项

a）忽略岛　b）忽略岛、忽略孔　c）不忽略　d）忽略岛、孔及倒斜角

应用：通过设置"忽略"可以生成规则的边界。

如果零件是曲面形式的，则即使是中间有凸出的结构，其内部边界也将作为孔而非岛屿。

（3）凸边与凹边　用于指定加工最终轮廓的刀具位置。

应用：由于凸边通常为开放的区域，因此可以将刀具位置设为"位于"，从而完全切除此处的材料；而凹边通常会有直立的相邻面，刀具在内角凹边的位置一般应设为"相切"。图 4-9 所示为凸边与凹边的刀轨示例。

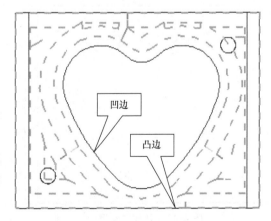

图 4-9　凸边与凹边

2. "曲线/边缘"模式

"曲线/边缘"模式通过选择已经存在的曲线和曲面边缘来创建边界,这是最常用的一种模式。

在"边界几何体"对话框中选择模式为"曲线/边…",如图4-10所示,则打开"创建边界"对话框,如图4-11所示。

图4-10 选择模式   图4-11 "创建边界"对话框

下面介绍对话框中部分选项。

(1)类型 类型选项包括"开放的"与"封闭的",指定边界为开放或封闭。开放的边界可以是不封闭的,如图4-12中虚线所示。而封闭的边界必须首尾相接。如果选择不相连的曲线,将自动延伸到交点;如果不能找到交点,则会以直线连接。图4-13所示为拾取同样的边缘产生的封闭边界。

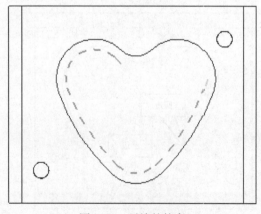

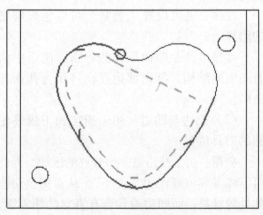

图4-12 开放的轮廓   图4-13 封闭的轮廓

应用:同样的轮廓指定开放的与封闭的类型将产生不同结果。开放轮廓进行平面铣的粗加工时，将把始端与末端直接连接，当成封闭轮廓进行加工。

（2）平面　指定边界的高度位置，所选边界将投影到该平面上。

设置：平面有两个选项，分别为"用户定义"和"自动"。其中，"自动"是默认的，边界的平面将取决于选择的几何体。使用"用户定义"方式时，将弹出"平面"对话框，如图4-14所示，选择或者创建一个平面，并可以直接指定偏置值。指定平面后，创建的平面轮廓将投影到用户定义的平面内，如图4-15所示。

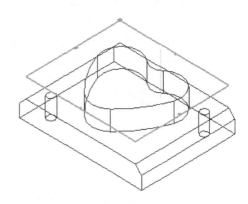

图4-14　指定平面　　　　　图4-15　用户定义平面生成的边界

应用：平面铣加工中，在边界指定平面以上的部位，选择的轮廓线将不起作用，包括部件边界、毛坯边界与检查边界，但修剪边界是上下无限延伸的。

（3）材料侧　定义材料在边界的左右（开放的边界）或边界的内外（封闭的边界）将被去除还是被保留，如图4-16所示。

应用：左右是相对于其串连方向而言的。

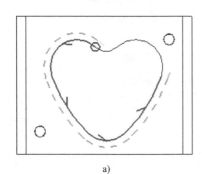

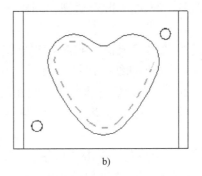

a)　　　　　　　　　　　　　　　b)

图4-16　材料侧

a）开放边界：左侧　b）开放边界：右侧

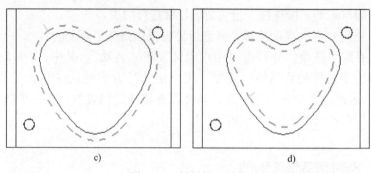

图 4-16 材料侧（续）
c）封闭边界：内部 d）封闭边界：外部

（4）刀具位置 指定刀具与边界的位置关系。

设置：刀具位置有"相切"和"位于"两种状态。"相切"表示刀具与边界相切；"位于"表示刀具中心处于边界上。图 4-17 所示为两者的刀具轨迹对比。

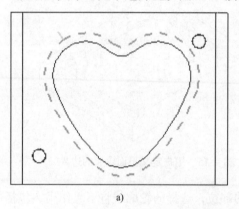 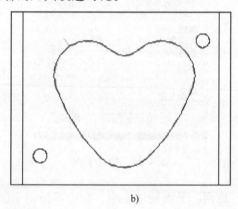

a）   b）

图 4-17 刀具位置示意
a）"相切"刀轨 b）"位于"刀轨

（5）定制成员数据 可以为选择的曲线指定其特定的公差、余量、切削进给率等参数，单击"定制成员数据"将展开相关选项，如图 4-18 所示。

（6）成链 使用"成链"选项可以快速选择一组相接的串连外形曲线。选择"成链"选项后，拾取起始曲线，再拾取终止曲线，则在两曲线间的所有曲线都将被选择并连接，如图 4-19 所示。

（7）移除上一个成员 单击"移除上一个成员"选项可以移除最后一次选取的物体。

（8）创建下一个边界 单击"创建下一个边界"可以确认当前边界，接下来选择新的边界的曲线。

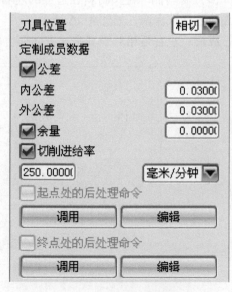

图 4-18 定制成员数据

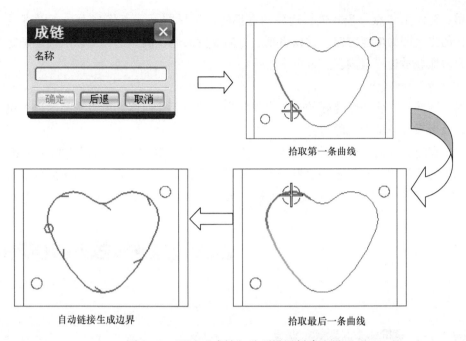

图 4-19   通过"成链"选项设置创建边界

拾取轮廓时，可以在图形上拾取曲线或者是曲面的边缘。选择曲线时必须注意方向，这将影响串连的正确性以及加工的材料侧。选择完成后单击鼠标中键确认，完成边界几何体的选择需要再次确认。

3．"点"模式

功能："点"模式创建边界与"曲线/边"模式相类似，系统在选择的点与点之间以直线相连接，形成一个开放的或封闭的边界。图 4-20 所示为"点"模式创建边界的示例。

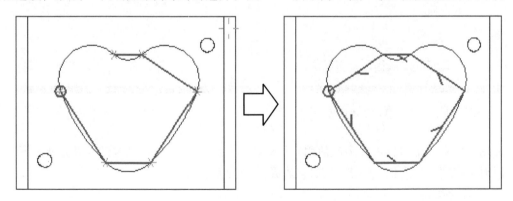

图 4-20   "点"模式创建边界

设置：在边界几何体的模式选项中选择"点"时，将显示"创建边界"对话框，如图 4-21 所示。其选项与"曲线/边"模式基本一致。

单击"点方法"选项，使用过滤方式捕捉特征点。若类型为"封闭的"，则将最后一点与起始点相连接；若类型为"开放的"，则不做连接。

应用：在使用"点"模式进行边界的选择时，选择的下一点将与上一点以直线进行连接，连接的方向即为串连方向。建议将视图方向设置为俯视图，这样可以准确地确定点的位置，并直观地显示边界范围。

4. "边界"模式

功能：选择一个前面创建好的永久边界作为当前边界几何体。可以选择的边界包括创建的边界以及由系统自动生成的边界。

设置：在边界几何体中选择模式为"边界"，如图4-22所示。可以选择永久边界作为平面铣加工的几何体。选择永久边界作为边界时，定义方式比较简单。由于部分参数在创建永久边界时已经确定了，所以只需选择某一永久边界，并指定其材料侧即可完成边界的定义。

图4-21　"点"模式创建边界

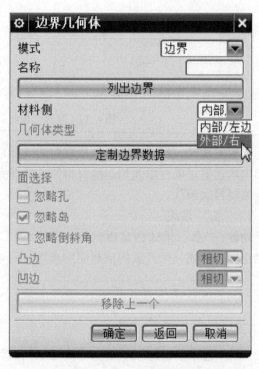

图4-22　"边界"模式定义边界

应用：如果一个边界需要多次使用，可以将其创建为永久边界，这样可以方便选择。边界可以通过在主菜单上依次单击"工具/边界"进行创建。

5. 边界的编辑

功能：对于已经指定的边界几何体，由于选择错误、参数调整或者其他原因需要进行修改时，可以再次单击指定几何体的图标进行编辑。

设置：在各个边界几何体中，如果已经做了选择，而再次单击指定边界按钮时，将打开图4-23所示的"编辑边界"对话框，可以对已选择的边界进行修改。

应用：可以通过对话框中▶或◀按钮来依次选择边界，也可以直接在图形上单击某一边界线而对其参数进行修改。当前选择的边界将高亮显示。在"编辑边界"对话框中，大部分参数是与使用"曲线/边"模式定义边界相同的。

选择"移除"命令可以删除当前边界，选择"附加"命令则继续选择边界。

4.1.4 平面铣的切削层

平面铣的刀轨设置与型腔铣基本上是相同的，可以选择的切削模式以及切削参数中的大多数选项都是一致的。

平面铣的切削层可确定多个深度工序的切削深度，将切削范围划分为多个层进行加工。可以采用多种不同的方法定义切削深度参数。在"平面铣"对话框中单击"切削层"选项，弹出图 4-24 所示的"切削层"对话框。

1. 类型

类型有 5 个选项，如图 4-25 所示。

（1）恒定　指定一个固定的深度值来产生多个切削层。除最后一层外所有层的切削深度保持一致。图 4-26 所示为设定恒定深度的刀轨示例。

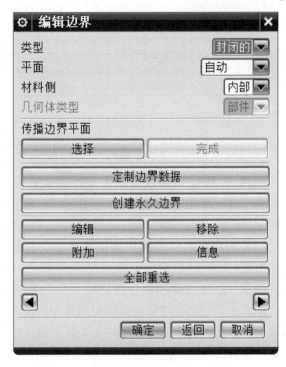

图 4-23　"编辑边界"对话框

图 4-24　"切削层"对话框

图 4-25　切削深度类型选项

设置：设置为"恒定"方式后，需要输入公共的每刀切削深度值。

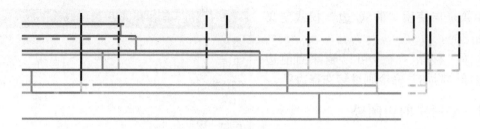

图 4-26　恒定深度

应用："恒定"深度方式下切削时切削载荷均匀,但在某些岛屿平面上会有较多的残余。

（2）用户定义　由用户直接输入各个切削深度参数。

设置：选择该选项时,可以定义的选项最多,如图 4-27 所示。"切削层"对话框中的所有参数均被激活,用户可在对应的文本框中输入数值进行各参数设置。

应用："用户定义"方式下生成的切削层可能不均等,尽量接近最大深度值。当岛屿顶部在最大深度与最小深度值之间时将生成一个切削层。图 4-28 所示为"用户定义"方式下的切削层示例。

（3）仅底面　只在底面创建一个唯一的切削层,路径示例如图 4-29 所示。

设置：无须设置任何数值。

应用：除此之外,为生成底面一个切削层,另一种方法是将最大深度设置为"0"。

（4）底面及临界深度　在底面与岛屿顶面创建切削层。岛屿顶面的切削层不会超出定义的岛屿边界,路径示例如图 4-30 所示。

图 4-27　"用户定义"方式下定义切削层

图 4-28　用户定义

应用：只加工岛屿及底面,可做垂直于刀具轴线方向的平面精加工。

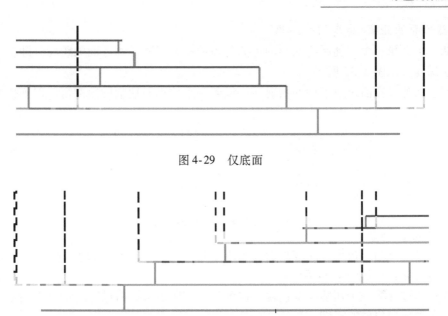

图 4-29　仅底面

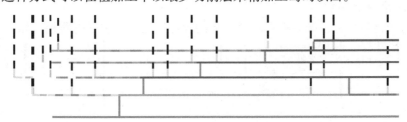

图 4-30　底面及临界深度

（5）临界深度　在岛屿的顶面创建一个平面的切削层，该类型与"底面及临界深度"类型的区别在于所生成的切削层刀轨将完全切除切削层平面上的所有毛坯材料，其加工刀轨示例如图 4-31 所示。

应用：这种方式可以在粗加工中以最少切削层来精加工岛屿顶面。

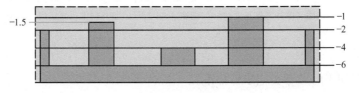

图 4-31　临界深度

2. 每刀切削深度

功能：确定切削深度的范围，并且系统尽量用接近公共的深度值来创建切削层。若岛屿顶面在指定的范围内，就在其顶面创建一个切削层。图 4-32 所示为设定最大切削深度为"2"，最小切削深度为"0.8"后产生的刀具路径示意图。

应用：在生成切削层后可以进行检验，对某些顶部没有加工的局部岛屿，可通过微调最大与最小切削深度使岛屿顶部刚好能在切削层范围内。

图 4-32　每刀切削深度

3. 离顶面的距离/离底面的距离

功能：定义第一个切削层离底面的距离与最后一个切削层离底面的距离，即初始层深度与终止层深度，如图 4-33 所示。

应用：在毛坯顶面余量不均的情况下，设置一个较小的切削层顶部可以保证切削加工的安全性。

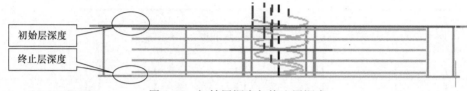

图 4-33 初始层深度与终止层深度

4. 增量侧面余量

功能：增量侧面余量为多深度平面铣工序中每一个后续切削层增加的一个侧面余量值，向切削区域内偏置，如图 4-34 所示。

应用：通过计算一个切削深度包含有拔模角时需要的偏置值进行增量侧面余量设置，可以生成一个带拔模角度的零件。

图 4-34 增量侧面余量切削示例刀轨

5. 临界深度顶面切削

功能：打开该选项，系统会在每一个岛屿的顶部创建一条独立的路径，如图 4-35 所示。

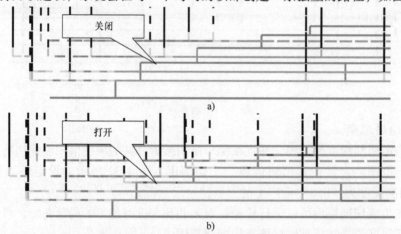

图 4-35 临界深度顶面切削

a）关闭"临界深度顶面切削"选项　b）打开"临界深度顶面切削"选项

【任务实施】

创建零件粗加工的参考实施步骤如下：

◆ **步骤1** 打开文件

启动 UG NX 软件，并打开文件 T4. prt。

◆ **步骤 2** 进入加工模块

在"应用模块"工具条上单击"加工"按钮,打开"加工环境"对话框,选择"要创建的 CAM 设置"为"mill_planar",如图 4-36 所示,单击"确定"按钮进行加工环境的初始化设置。

◆ **步骤 3** 创建刀具

单击创建工具条上的"创建刀具"按钮 ，指定名称为"D20",确定后进入刀具参数对话框。设置刀具直径为"20",下半径为"0",如图 4-37 所示,单击"确定"按钮创建铣刀"D20"。再创建刀具"D12",刀具直径为"12",下半径为"0"。

图 4-36 "加工环境"对话框

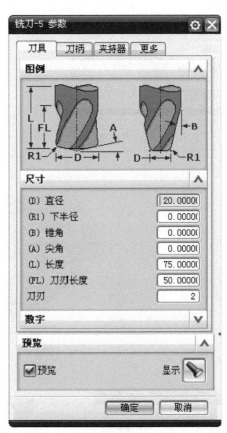

图 4-37 设置铣刀参数

◆ **步骤 4** 创建工件几何体

单击创建工具栏中的"创建几何体"按钮 ，创建铣削几何体"MILL_GEOM",指定位置几何体为"MCS_MILL",如图 4-38 所示。单击"确定"按钮打开"铣削几何体"对话框,如图 4-39 所示。单击"指定部件"按钮 ，拾取实体为部件几何体,如图 4-40 所示。再单击"指定毛坯"按钮 ，选择用"包容块"方式创建毛坯,并设置极限的"XM +""XM –""YM +""YM –"均为"5","ZM +"为"2",如图 4-41 所示。连续单击鼠标中键完成几何体的创建。

图 4-38　创建几何体

图 4-39　铣削几何体

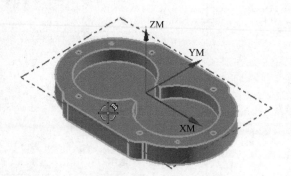

图 4-40　指定部件

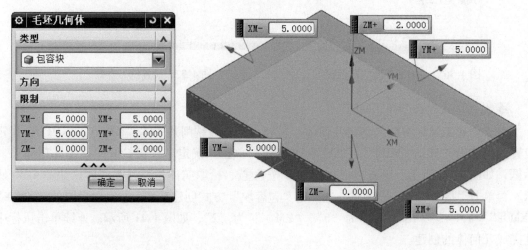

图 4-41　指定毛坯

◆ 步骤 5　创建平面铣工序

单击创建工具条上的"创建工序"按钮 ，系统打开"创建工序"对话框。如图 4-42 所示，选择工序子类型为平面铣按钮 ，选择刀具为"D20"，几何体为"MILL_GEOM"，确认各选项后单击"确定"按钮，打开"平面铣"对话框，如图 4-43 所示。

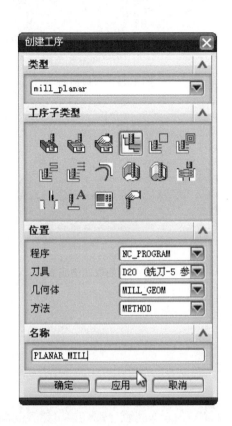

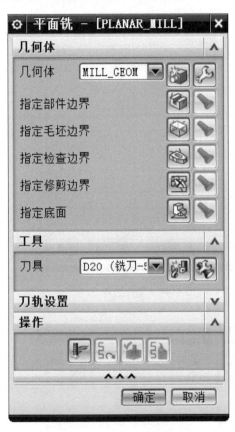

图 4-42　"创建工序"对话框　　　　　图 4-43　"平面铣"对话框

◆ 步骤 6　指定部件边界

单击"指定部件边界"按钮 ，系统弹出图 4-44 所示对话框，勾选"忽略孔"，指定材料侧为"内部"，在图形拾取部件的上表面，如图 4-45 所示，将外边缘指定为部件边界；再拾取凹槽的底面，如图 4-46 所示，将凹槽底面边界作为部件边界。

更改选择模式为"曲线/边…"，如图 4-47 所示。设置边界选项如图 4-48 所示，指定材料侧为"外部"；依次拾取凹槽的边界曲线，如图 4-49 所示。

连续单击鼠标中键，确定返回工序对话框，单击 显示在图形上显示部件边界如图 4-50 所示。

◆ 步骤 7　指定毛坯边界

单击"指定毛坯边界"按钮 。系统打开"边界几何体"对话框，改变选择模式为

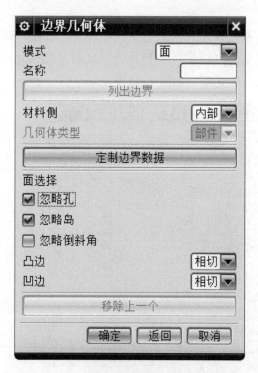

图 4-44　部件边界

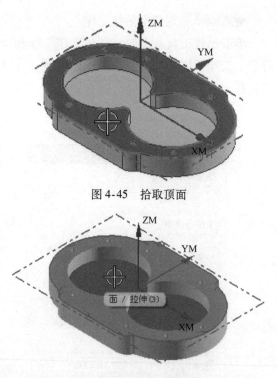

图 4-45　拾取顶面

图 4-46　拾取凹槽底面

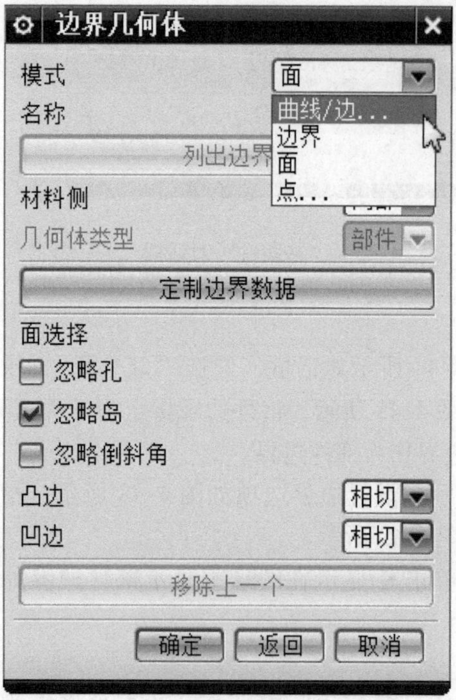

图 4-47　改变模式

图 4-48　设置边界参数

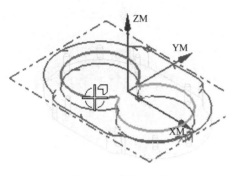

图 4-49　拾取边界

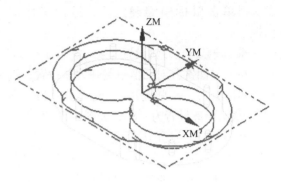

图 4-50　显示部件边界

"曲线/边…"；在选择过滤中指定曲线规则为"相连曲线"，拾取矩形的 1 个边，如图 4-51
所示，则该矩形将作为毛坯边界，如图 4-52 所示。单击"确定"按钮返回"平面铣"工序
对话框。

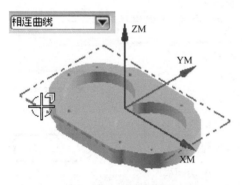

图 4-51　选择毛坯边界

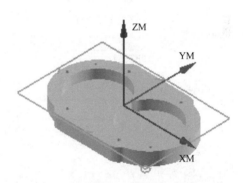

图 4-52　毛坯边界

◆　步骤 8　指定检查边界

单击"指定检查边界"按钮。系统打开"边界几何体"对话框，默认选择模式为
"面"，材料侧为"内部"；拾取凹槽的底面，如图 4-53 所示，以该面的边缘为检查边界，
如图 4-54 所示。单击"确定"按钮返回"平面铣"工序对话框。

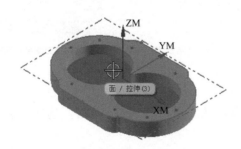

图 4-53　选择检查边界

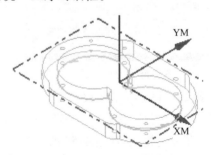

图 4-54　检查边界

◆　步骤 9　指定底面

单击"指定底面"按钮。系统弹出平面构造器，在图形上选择底平面，如图 4-55 所

示，再单击鼠标中键确定，并返回工序对
话框。

◆ 步骤 10　刀轨设置

在"平面铣"对话框中展开刀轨设置，选
择切削模式为"跟随周边"，设置步距为"恒
定"，最大距离设置为"8"，如图 4-56 所示。

◆ 步骤 11　切削层设置

单击"切削层"按钮，打开"切削
层"对话框，设置类型为"用户定义"，每刀
切削深度的公共值为"3"，最小值为"0"，

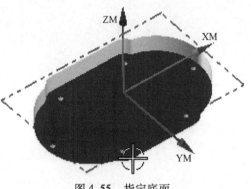

图 4-55　指定底面

切削层顶部离顶面距离为"0.5"，如图 4-57 所示。单击鼠标中键返回工序对话框。

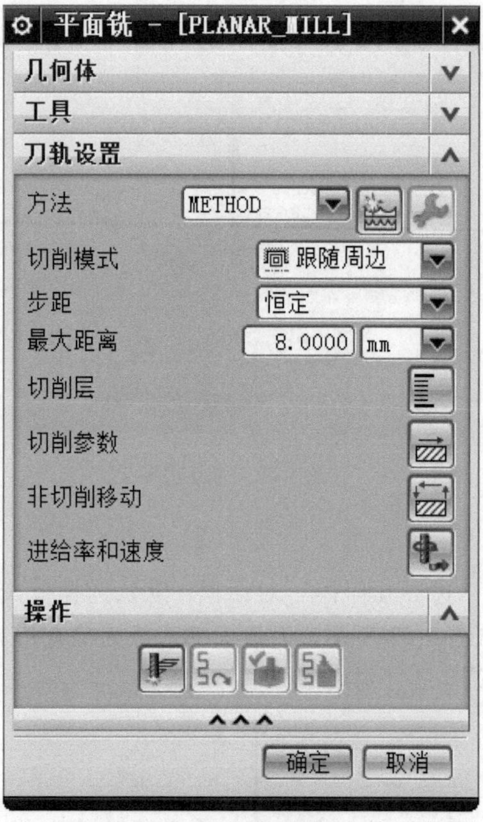

图 4-56　刀轨设置

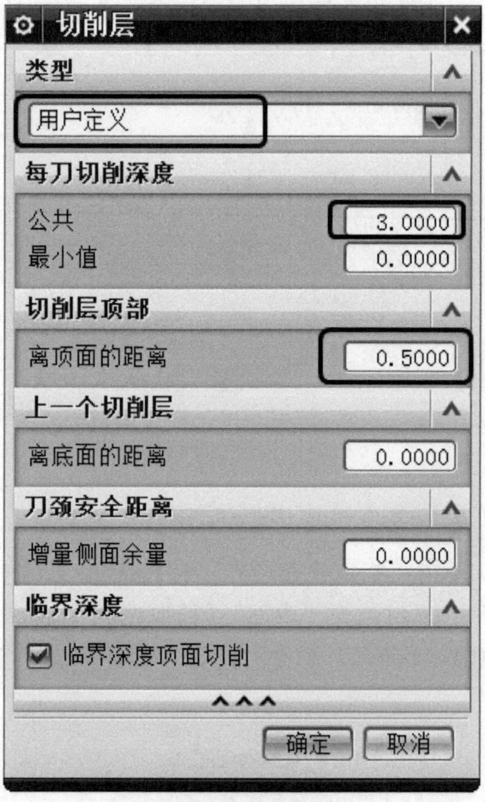

图 4-57　切削层

◆ 步骤 12　设置切削参数

单击"切削参数"按钮，则弹出"切削参数"对话框，在"策略"选项卡中设置切
削顺序为"深度优先"，如图 4-58 所示。

在"余量"选项卡中，设置部件余量为"0.5"，如图 4-59 所示，单击鼠标中键返回工
序对话框。

◆ 步骤 13　设置进给率和速度

单击"进给率和速度"按钮，在弹出的"进给率和速度"对话框中设置主轴速度为

图 4-58　切削参数-策略

"600"，切削进给率为"300"，如图 4-60 所示，单击鼠标中键返回工序对话框。

图 4-59　切削参数

图 4-60　进给率和速度

◆ 步骤 14　生成刀轨

在工序对话框中单击"生成"按钮 ⊫ 计算生成刀轨。产生的刀轨如图 4-61 所示。

◆ 步骤 15　确认刀轨

将视图方向调整为等角视图，单击"确认"按钮 ⏹，系统将打开"刀轨可视化"对话框。在中间选择"2D 动态"，再单击下方的"播放"按钮，仿真加工结果如图 4-62 所示。

◆ 步骤 16　确定工序

确认刀轨后单击工序对话框底部的"确定"按钮，接受刀轨并关闭工序对话框。

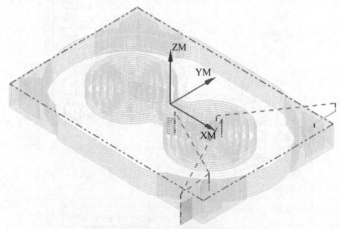

图 4-61　平面铣刀轨

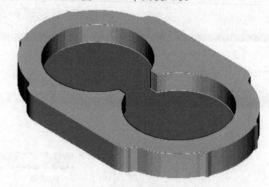

图 4-62　仿真加工结果

【任务总结】

完成本任务的工序创建时，需要注意以下几点：

1）创建铣削工件几何体的目的是用于仿真确认，如果没有工件几何体，平面铣工序将不能进行 2D 或 3D 的可视化确认。

2）创建几何体时应该选择的父本组为坐标系几何体"MILL _ MCS"，否则将没有安全平面。

3）创建毛坯几何体时，需要指定一定量的偏置值。

4）选择边界几何体时必须注意材料侧是否正确，特别是选择多个边界时，要在选择前先确认材料侧等选项。

5）选择边界时，配合规则进行选择会更加快捷。

6）对于加工底部不一致的凹槽边界，可以指定凹槽底部边界为部件边界，并指其材料侧为内部，避免刀具继续向下，并且在该边界平面将生成一个加工层。

7）由于毛坯的顶面有余量，所以在设置切削层时，初始切削层需要指定离顶面的距离作为第一层的切削深度。

8）平面铣工序的加工对象为平面内的曲线，其计算速度非常快，因而可以设置较小的公差值。

任务 4-2　创建顶面加工的面铣工序

【学习目标】

➢ 了解面铣与平面铣的差异。
➢ 掌握面铣的几何体类型。
➢ 理解面铣的毛坯参数。
➢ 能够正确选择面铣的几何体。
➢ 能够合理设置面铣的切削参数。
➢ 能够创建面铣工序。

【任务分析】

零件的上表面是一个平面，在 UG NX 提供一种专用于平面铣削的工序子类型：面铣。面铣加工时可以选择较大的刀具进行加工。

【知识链接　面铣】

面铣是一种特殊的平面铣加工，它以面的边界为加工对象。面铣最适合于切削实体的上平面，如进行毛坯顶面的加工。

在创建工序的平面铣类型下，可以选择使用面铣  这一工序子类型来创建面铣削加工，如图 4-63 所示。

图 4-63　创建工序

4.2.1　面铣的几何体选择

面铣是以面的边界为加工对象，它与普通平面铣有很大的差别。面铣的几何体组如图 4-64 所示。通常要指定面边界，并可以指定部件、检查体与检查边界。"指定部件"用于表示完成的部件，如果在切削中设置切削区域为"延伸到部件轮廓"，可以只指定部件，而无须指定面边界，生成的刀轨如图 4-65 所示。"检查几何体"或"检查边界"允许指定体或边界用于表示夹具、生成的刀轨将避开这些区域。

"指定面边界"用来确定加工范围与加工平面高度，"指定面边界"实际就是指定封闭的毛坯边界，由边界内部的材料指明要加工的区域。单击"指定面边界"图标，将弹出如图 4-66 所示的"毛坯边界"对话框。

图 4-64 面铣的几何体

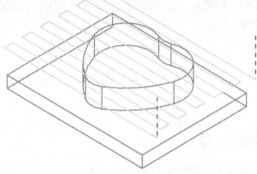

图 4-65 指定部件

毛坯边界的选择方法包括有面、曲线、点 3 种方式，与定义一个毛坯边界相似。使用面方式时，选择平的面，即以面的外边缘作为面铣的毛坯边界。

刀具侧是指定当前所选边界刀具所在的侧边，也就是要加工的侧边为外部还是内部，通常单个边界时需要指定刀具侧为"内部"。这里需要注意，如要所选择的面是带有凸台，则会自动选中多个边界，外部边界的刀具侧为"内部"，而内部边界的刀具侧为"外部"，如图 4-67 所示。

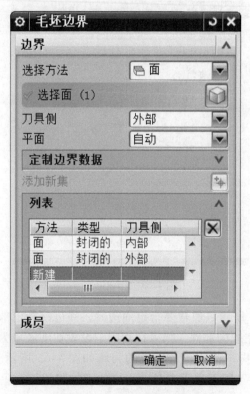

图 4-66 "毛坯边界"对话框

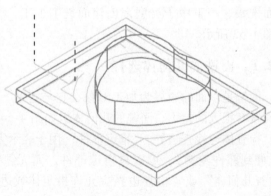

图 4-67 选择带凸台的面

使用曲线或者点方式时，则需要选择曲线或点来定义一个封闭的边界。图 4-68 所示为使用曲线方式选择的面几何体。

4.2.2　面铣的刀轨设置

面铣的刀轨设置如图 4-69 所示，可以选择切削模式，指定步距，并可以通过设置毛坯距离、最终底面余量与每刀切削深度来实现多层加工。

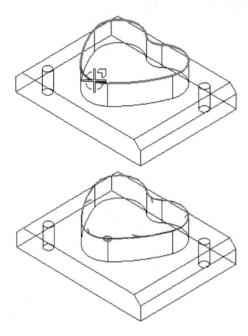

图 4-68　曲线定义面边界

图 4-69　面铣的刀轨设置

1. 毛坯距离与最终底面余量

功能：毛坯距离定义要去除的材料总厚度；最终底面余量定义面几何体上方剩余未切削材料的厚度。

应用：毛坯距离与最终底面余量的差值为加工的总厚度，当两者的差值为"0"或者每刀切削深度为"0"时，将只生成一层的刀轨，如图 4-70 所示。

而毛坯距离与最终底面余量的差值大于"0"，并且每刀切削深度不为"0"时，将进行分层加工，从零件表面向上偏置产生多层刀轨，层间的距离为每刀切削深度值，如图 4-71 所示。

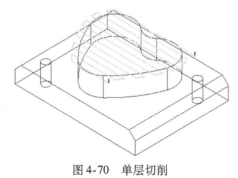

图 4-70　单层切削

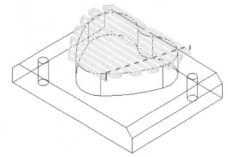

图 4-71　多层切削

2. 切削区域

面铣的切削参数大部分为通用参数，在切削参数的"策略"选项卡中，有切削区域参数组，如图 4-72 所示。

（1）毛坯距离 指定面上的毛坯切削总余量，与刀轨设置界面的毛坯距离是同一参数。

图 4-72 切削参数

（2）延伸到部件轮廓 勾选该项将以部件边界投影到面上的边界作为切削区域，如图 4-73 所示。

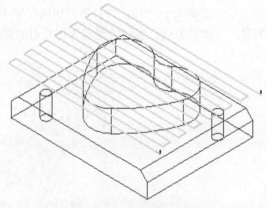

图 4-73 延伸到部件轮廓

（3）简化形状 可以选择"凸包"或者"最小包围盒"，通过该项的设置可以将小的角落忽略，成为规则形状，从而减少抬刀，如图 4-74 所示。

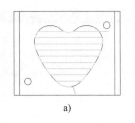 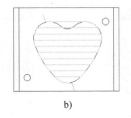 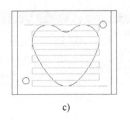

a) b) c)

图 4-74　简化形状
a）无　b）凸包　c）最小包围盒

（4）刀具延展量　指定刀具在切削边界向外延展的距离，可以采用刀具直径的百分比或者直接指定距离值的方法来指定刀具延展距离。图 4-75 所示为不同延展量的刀轨示例。

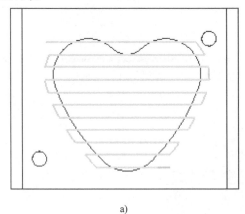

a)

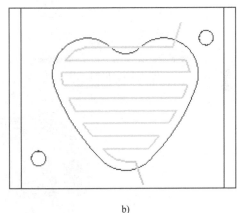

b)

图 4-75　刀具延展量
a）刀具延展量为 100%　b）刀具延展量为 0

【任务实施】

创建顶面精加工工序的参考实施步骤如下：

◆ 步骤 17　创建面铣区域工序

单击创建工具条上的【创建工序】按钮，在创建工序对话框中选择工序子类型为"面铣"，如图 4-76 所示，再选择刀具与几何体，单击"确定"按钮，打开"面铣"工序对话框，如图 4-77 所示。

◆ 步骤 18　指定面边界

在"面铣"工序对话框中单击"指定面边界"按钮，打开"毛坯边界"对话框，先选择模型的顶面，则顶面的外边界将作为面边界，如图 4-78 所示；在"毛坯边界"对话框中单击"添加新集"按钮，修改刀具侧为"外部"，再将平面选项改为"指定"，如图 4-79 所示，选择零件顶面为毛坯边界平面，再单击"选择面"，在图形中选择凹槽底面，显示的毛坯边界如图 4-80 所示，再单击"确定"按钮返回工序对话框。

图 4-76 创建工序

图 4-77 "面铣"工序对话框

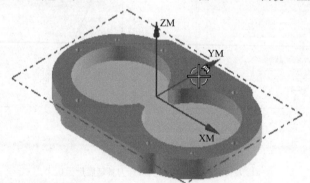

图 4-78 选择面

图 4-79 毛坯边界

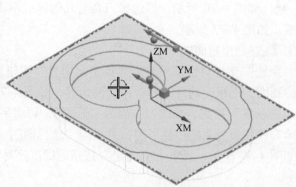

图 4-80 选择的边界

◆ 步骤 19　刀轨设置

在"面铣"工序对话框中展开"刀轨设置"组,进行参数设置,选择切削模式为"往复",步距为刀具平面直径的"75%",毛坯距离为"2",每刀切削深度为"1.5",如图 4-81 所示。

◆ 步骤 20　设置切削参数

单击"切削参数"按钮,弹出"切削参数"对话框,如图 4-82 所示,设置"策略"选项卡中的"切削区域"组参数。设置简化形状为"凸包",刀具延展量为"75"。单击"确定"按钮返回"面铣"工序对话框。

图 4-81　设置工序参数

图 4-82　"切削参数"对话框

◆ 步骤 21　设置非切削移动

在"面铣"工序对话框"刀轨设置"参数组中单击"非切削移动"后的按钮,弹出"非切削移动"对话框。

设置进刀参数,如图 4-83 所示,封闭区域的进刀类型为"无",开放区域的进刀类型为"线性–相对于切削",长度为 50% 的刀具直径。

单击"确定"按钮,完成非切削移动参数的设置,返回"面铣"工序对话框。

◆ 步骤 22　设置进给率和速度

单击"进给率和速度"后的按钮,设置主轴速度为"1000",切削进给率为"500"。单击后方的计算按钮进行计算,单击鼠标中键返回"面铣"工序对话框。

图 4-83　非切削移动

◆ 步骤 23 生成刀轨

在"面铣"工序对话框中单击"生成"按钮 🖺 计算生成刀轨。产生的刀轨如图 4-84 所示。

◆ 步骤 24 检视刀轨

在图形区通过旋转、平移、放大视图转换视角，再单击"重播"按钮 🖳 回放刀轨。可以从不同角度对刀路轨迹进行查看，如图 4-85 所示为俯视图下重播的刀轨。

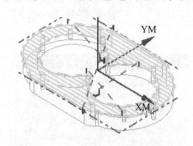

图 4-84 面铣的刀轨

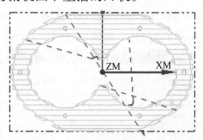

图 4-85 俯视图下重播的刀轨

◆ 步骤 25 确定工序

确认刀轨后单击"面铣"工序对话框底部的"确定"按钮，接受刀轨并关闭工序对话框。

【任务总结】

创建面铣削工序时，需要注意以下几点：

1）刀具不宜太小。

2）面边缘不能有残余，但加工时也不需要超出太多。

3）如果毛坯的残余量较大，或者残余量很不均匀，则应该采用多层加工。

4）如果有小的空隙，则应该直接越过。

5）进行非切削移动的设置，可以减少空移动。

6）面铣工序与平面铣工序很相似，但几何体选择更为便捷。

任务4-3 创建侧壁精加工的平面轮廓铣工序

【学习目标】

➤ 了解平面轮廓铣与平面铣的差异。

➤ 能正确设置平面轮廓铣的刀轨参数。

➤ 能正确应用平面轮廓铣进行零件的精铣。

【任务分析】

对零件的外轮廓与凹槽的侧壁进行粗加工后，还需要进行精加工。精加工时，可以采用沿轮廓进行加工的方式。UG NX 软件提供一种平面轮廓铣进行轮廓的精加工。

【知识链接　平面轮廓铣】

平面轮廓铣是应用于侧壁精加工的一种平面铣，产生的刀轨与平面铣中选择"轮廓加工"的平面铣工序刀轨类似。图 4-86 所示为平面轮廓铣刀轨示例。

创建工序时，选择子类型为平面轮廓铣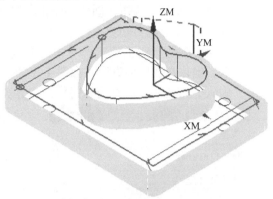，打开的工序对话框如图 4-87 所示。

创建平面轮廓铣工序与平面铣工序基本相同，而且大部分的参数设置也是一致的。在平面轮廓铣中，几何体的选择与平面铣是相同的，必须选择部件边界，可以选择毛坯边界、检查边界与修剪边界，如图 4-87a 所示。

平面轮廓铣的刀轨设置中没有切削模式选择、附加刀路参数选项。如图 4-87b 所示，在"平面轮廓铣"工序对话框中

图 4-86　平面轮廓铣刀轨示例

的刀轨设置中直接列出了最常用的几个选项，如部件余量、切削进给参数等。这些参数含义与设置方法与平面铣中是相同的。例如，切削深度设置可以选择"用户定义""恒定""仅底面""底面及临界深度""临界深度"5 种设置方式，按照选择的设置方式再设置对应的参数。

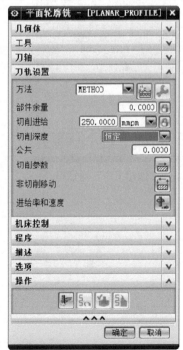

a)　　　　　　　　　　　　　　　　b)

图 4-87　"平面轮廓铣"工序对话框

a)"几何体"参数组　b)"刀轨设置"参数组

【任务实施】

◆ 步骤 26　创建平面轮廓铣工序

单击"创建"工具条上的"创建工序"按钮，系统打开"创建工序"对话框，如图 4-88 所示，选择工序子类型为平面轮廓铣，指定刀具为"D12"，几何体为"MILL_GEOM"，单击"确定"按钮，创建一个轮廓铣工序，打开"平面轮廓铣"对话框。

◆ 步骤 27　指定部件边界

在"平面轮廓铣"对话框上，单击"指定部件边界"按钮。系统打开"边界几何体"对话框，确认参数选项设置，如图 4-89 所示。选择顶面与凹槽底面，如图 4-90 所示，并单击"确认"按钮后，所有边缘将作为边界。

图 4-88　"创建工序"对话框

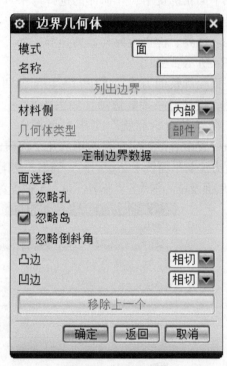

图 4-89　边界几何体

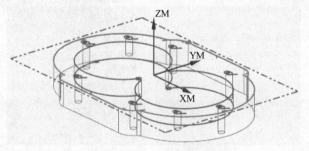

图 4-90　选择部件边界

◆ 步骤 28　指定底面

选取"指定底面"按钮。系统弹出"平面构造器"对话框，在图形上选择底平面，如图 4-91 所示，再单击鼠标中键并确定后，返回"平面轮廓铣"对话框。

◆ 步骤 29　刀轨设置

在"平面轮廓铣"对话框中展开刀轨设置参数组，进行参数设置，如图 4-92 所示，设置切削进给为"300"，切削深度为"用户定义"，公共为"5"，最小值为"0"。

◆ 步骤 30　设置切削策略参数

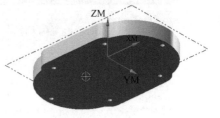

图 4-91　指定底面

在"平面轮廓铣"对话框中，单击"切削参数"按钮进行设置。首先打开"策略"选项卡，设置参数如图 4-93 所示，切削顺序为"深度优先"，按区域进行加工。单击"确定"按钮返回"平面轮廓铣"对话框。

图 4-92　设置工序参数　　　　图 4-93　切削参数

◆ 步骤 31　设置非切削运动

在"平面轮廓铣"对话框中单击"非切削移动"按钮，设置进刀参数，如图 4-94 所示，设置开放区域进刀类型为"圆弧"，半径为"3"，高度为"0"。在"起点/钻点"选项卡中，设置重叠距离为"2"，如图 4-95 所示。展开"区域起点"参数组，选择"指定点"，在图形上选择下边线的中点，如图 4-96 所示。在"转移/快速"选项卡中，设置区域内的转移类型为"直接"，如图 4-97 所示。单击"确定"按钮，返回到"平面轮廓铣"对话框。

图4-94　进刀设置

图4-95　起点/钻点设置

◆ 步骤32　设置进给率参数

单击"进给率和速度"后的按钮 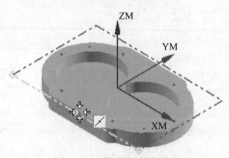，弹出"进给率和速度"对话框，设置主轴速度为"1000"，如图4-98所示。单击"确定"按钮完成设置，返回"平面轮廓铣"对话框。

◆ 步骤33　生成刀轨

在"平面轮廓铣"对话框中单击"生成"按钮 计算生成刀轨，产生的刀轨如图4-99所示。

图4-96　指定区域起点

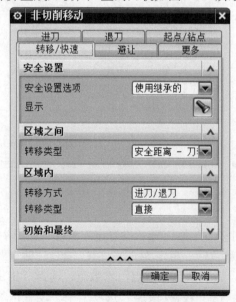

图4-97　"转移/快速"选项卡

图4-98　"进给率和速度"对话框

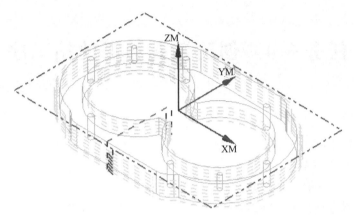

图 4-99 轮廓铣刀轨

◆ 步骤 34 检验刀轨

在图形区通过旋转、平移、放大视图及转换视角，再单击"重播"按钮 🔁 回放刀轨，可以从不同角度对刀路轨迹进行查看。图 4-100 所示为右视图下重播的刀轨。

◆ 步骤 35 确定工序

确认刀轨后单击"平面轮廓铣"对话框底部的"确定"按钮，接受刀轨并关闭工序对话框。

图 4-100 右视图下重播的刀轨

【任务总结】

本任务要创建零件的侧面精加工程序，可以采用普通的平面铣，选择切削模式为"轮廓加工"，也可以采用 UG NX 软件提供的专门用于侧壁精加工的一种子类型：平面轮廓铣。

侧面铣削加工时，需要注意以下几点：

1）精加工时，进刀与退刀需要采用圆弧方式，并有一定的重叠距离，以减少进刀痕迹。

2）精加工轮廓时，如有必要，可以指定进刀位置。

3）采用平面轮廓铣方式只能产生单次的精加工轮廓，不能添加附加刀路。

4）在加工有凹槽的零件时，可以使用部件边界几何体指定，指定凹槽底部边缘为部件边界并且材料侧为"内部"。

5）当面上有小孔时，使用"面"方式指定边界会在孔周边生成边界，但由于可切削的区域太小，并不会在孔内生成刀轨，因此可以忽略。当然，也可以通过编辑将其删除。

6）使用"面"方式指定边界时，外边界与内边界的材料侧是相反的，即孔周边形成的边界材料侧为"外部"。

任务 4-4　创建钻孔加工的钻工序

【学习目标】

- ➤ 了解钻孔加工的功能。
- ➤ 掌握钻孔刀具的参数设置。
- ➤ 能够正确设置钻孔循环参数。
- ➤ 能够正确设置钻孔刀轨参数。
- ➤ 能够正确选择钻孔点。
- ➤ 能够创建钻孔工序。

【任务分析】

零件上有 6 个 ϕ7.8mm 的通孔和 2 个 ϕ8mm 的销孔，其中通孔直接钻通即可，而销孔为不通孔，在钻孔后还需要铰孔精加工。在钻孔加工时，可以使用 ϕ7.8mm 的钻头将 8 个孔进行钻削加工，由于深度较大，应该采用断屑钻方式。完成钻孔后，再进行销孔的铰削加工。

【知识链接　钻孔加工】

4.4.1　钻孔加工工序的创建

UG NX 软件中的钻孔加工可以创建钻孔、攻螺纹、镗孔、平底扩孔和扩孔等工序的刀轨。

使用 CAM 软件进行钻孔程序的编制，可以直接生成完整程序，特别是孔的数量较多时，自动编程有明显的优势。另外，对孔的位置分布较复杂的工件，使用 UG NX 软件可以生成一个程序，完成所有孔的加工，而使用手工编程的方式则较难实现。

进入加工环境时，可以选择 CAM 设置为 "drill" 再进行初始化，也可以在创建刀具、创建几何体或者创建工序时选择类型为 "drill"，调用钻孔加工的相应模板。

创建钻孔加工工序的步骤如下：

1. 创建钻孔工序

在 "创建工序" 对话框的类型下拉列表中设置类型为 "drill"，并设置工序子类型及各个位置参数，如图 4-101 所示，确定打开 "钻孔" 工序对话框。

2. 设置循环类型

在图 4-102 所示的 "钻孔" 工序对话框中，展开 "循环类型" 参数组，再进行每个循环参数的设置。选择的循环类型将决定输出的钻孔固定循环 G 代码指令，在循环参数设置中，有深度、进给率、暂停、退刀、步进等选项。

3. 选择钻孔加工几何体

钻孔加工的几何体包括钻孔点与表面、底面。其中钻孔点是必选的，选择钻孔点时可以指定不同的循环参数组。

4. 设置工序参数

在"钻孔"工序对话框中设置钻孔的相关参数，如安全距离、深度偏置选项，并设置避让、进给率和速度等参数。在钻孔工序中，没有铣削工序中的切削参数与非切削移动的参数设置。

5. 生成刀轨

参数设置完成后，进行刀轨的生成。检验确认后，单击"确定"关闭工序对话框。

图 4-101　创建钻孔工序

图 4-102　"钻孔"工序对话框

4.4.2　指定孔

钻孔加工几何体的设置与铣削加工的几何体设置是完全不同的，钻孔加工需要确定孔中心的位置以及其起始位置与终止位置。

钻孔加工几何体的设置，包括几何体组的选择与孔、顶面和底面的选择，其中孔是必须选择的，而顶面和底面则是可选项。

在"钻孔"工序对话框中，单击"指定孔"按钮，弹出图 4-103 所示的"点到点几何体"对话框。利用此对话框中相应选项可指定钻孔加工的加工位置、优化刀轨、指定避让选项等。

1. 选择

功能：选择点，指定孔中心位置，可以通过多种方法选择点。

应用：在图 4-103 所示的对话框中单击"选择"选项，弹出图 4-104 所示的选择加工位置的对话框。选择钻孔点时可以直接在图形上选择，可选择圆柱孔、圆锥形孔、圆弧或点作为加工位置。此时可以直接在图形上选择孔、圆弧或者点作为钻孔点，完成选择后单击"确定"按钮退出，在孔位将显示序号，如图4-105所示。在选择点时可以指定选项进行孔的选择。

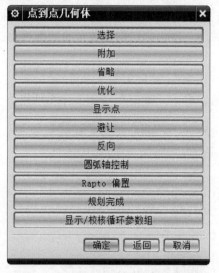

图4-103　"点到点几何体"对话框

图4-104　选择加工位置

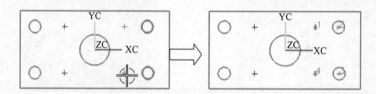

图4-105　选择钻孔点

（1）Cycle参数组-1　选择当前点所使用的参数组，指定不同的参数组可以对应于不同的循环参数。

（2）一般点　选择"一般点"选项，将弹出点构造器对话框，通过在图形上拾取特征点或者直接指定坐标值来指定一个点作为加工位置。如图4-106所示，零件进行钻孔加工时，可以在点构造器指定圆心点方式，再拾取各个圆心点。

（3）面上所有孔　选择该选项，可以指定其直径范围。若直接在模型上选择表面，则所选表面上各孔的中心被指定为加工位置点，如图4-107所示。

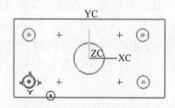

图4-106　拾取圆心点

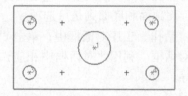

图4-107　选择面上所有孔

（4）预钻点　指定在平面铣或型腔铣中产生的预钻进刀点作为加工位置点。

2. 附加

功能：选择加工位置后，可以通过"附加"选项添加钻孔点。附加的选择方式与选择点相同。

3. 省略

功能："省略"选项允许用于忽略先前选定的点。生成刀轨时，系统将不考虑在省略选项中选定的点。

4. 优化

功能：优化刀具路径，是重新指定所选加工位置在刀具路径中的顺序。通过优化可得到最短刀具路径或者按指定的方向排列。图 4-108 所示为优化示例。

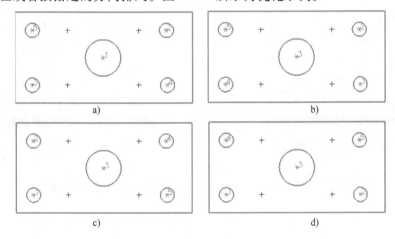

图 4-108 优化示例

a）选择顺序 b）最短路径优化 c）水平条带优化 d）竖直条带优化

5. 显示点

功能：显示点允许用户在使用附加、忽略、避让或优化选项后验证刀轨点的选择情况。系统按新的顺序显示各加工点的加工顺序号。

4.4.3 顶面与底面

指定钻孔点时，默认的起始高度为点所在的高度，当需要从统一高度开始加工时，可以使用顶面指定起始位置。

指定底面则指定最低表面，当钻孔循环参数的深度选项设置为"穿过底面"时，需要以底面为参考。

1. 指定顶面

功能：顶面是刀具进入材料的位置，也就是指定钻孔加工的起始位置。选择的点将沿刀轴矢量方向投影到顶面上。

设置：在钻孔工序对话框中单击"指定顶面"按钮 ⬢，弹出图 4-109 所示的"顶面"对话框。在"顶面选项"中可以选择 4 种顶面指定方式。

（1）"⬢面" 在图形上选择面。

（2）"▱平面" 指定一个平面。

（3）"⬚ ZC 常数" 直接指定 Z 坐标值。

（4）"⊘无" 不使用平面。

2. 指定底面

功能：指定钻孔加工的结束位置。

设置：在工序对话框中单击"底面"按钮 ⬢，弹出图 4-110 所示的"底面"对话框。也可以使用"面"、"平面"、"ZC 常数"、"无"4 种指定方法。

图 4-109 "顶面"对话框

图 4-110 "底面"对话框

图 4-111 所示为选择了空间的点，再指定顶面与底面生成的刀轨示例。

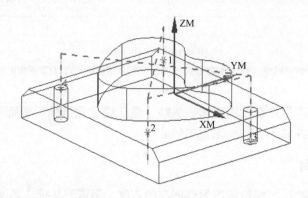

图 4-111 选择空间点、底面及顶面的孔加工刀轨

4.4.4 钻孔加工的刀具

钻孔加工所使用的刀具与铣削加工不同。按照钻孔类型的不同，可以使用的钻孔刀具包括：中心钻、钻刀、铰刀、镗刀、丝锥、铣刀等。

选择新建刀具，打开"新建刀具"对话框刀具类型为"drill"，则可以创建钻孔加工用的各种刀具，如图 4-112 所示。各种钻孔刀具的参数类似，主要涉及刀具直径与刀尖角两个参数。图 4-113 所示为钻刀参数设置，与铣刀设置不同的主要是尺寸中的部分选项。

（1）直径　指钻刀的直径，是刀具完整切削加工部分的直径。

图 4-112　新建刀具

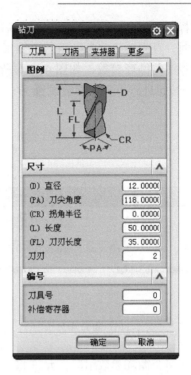

图 4-113　设置钻刀参数

（2）刀尖角度　是刀具顶端的角度。这是一个非负角度。该角度的设置使钻刀的最底端是一个尖锐点。

4.4.5　钻孔加工的循环参数设置

在钻孔工序对话框的循环类型选项下拉列表中有 14 种循环类型，如图 4-114 所示。有关循环选项的说明见表 4-1。

图 4-114　循环方式

表 4-1　循环类型

选项	标准指令
无循环	取消循环
啄钻	用 G00、G01 不使用循环指令
断屑	
标准文本	
标准钻	G81
标准钻，埋头孔	G81/G82
标准钻，深孔	G73
标准钻，断屑	G83
标准攻丝	G84
标准镗	G85
标准镗，快退	G86
标准镗，横向偏置后快退	G76
标准背镗	G87
标准镗，手工退刀	G88

选择循环类型后，或者直接单击后边的"编辑"按钮，可以进行循环参数的设置。设置参数时，首先要指定参数组的个数（Number of Sets），如图 4-115 所示；然后为每个参数组设置相关的循环参数，如图 4-116 所示。设置好一个循环参数组中的各个参数后，单击"确定"按钮进入下一组参数设置。

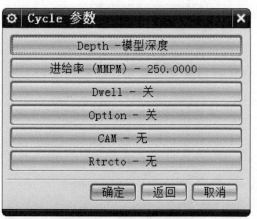

图 4-115　指定参数组

图 4-116　设置循环参数

设置多个循环参数组时，允许将不同的"循环参数"值与刀轨中不同的点或点群相关联。这样就可以在同一刀轨中钻不同深度的多个孔，或者使用不同的进给速度来加工一组孔，以及设置不同的抬刀方式。

如图 4-116 所示，循环参数包括深度、进给率、暂停时间、CAM、退刀至等。其中，"CAM"表示一个 Z 轴不可编程的机床刀具深度预设置的位置，只在机床及后处理器支持时应用。"Option"选项用于激活特定机床的加工特征。

1. 深度

功能：指定孔的底部位置。

设置：在循环参数设置对话框中选择"Depth"选项，弹出图 4-117 所示对话框。系统提供了 6 种确定钻削深度的方法。图 4-118 所示为各种深度应用的示意图。

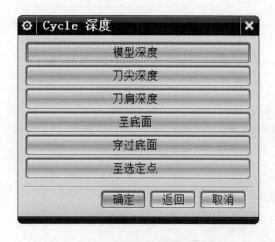

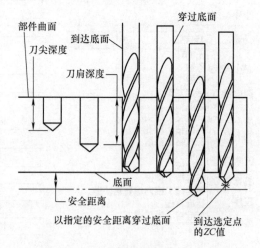

图 4-117　钻削深度选项

图 4-118　各种钻削深度的应用示意图

各种钻削深度的定义方法说明如下：

（1）模型深度 该方法指定钻削深度为实体上的孔的深度。选择"模型深度"选项，系统会自动计算出实体上的孔的深度并将其作为钻削深度。

（2）刀尖深度 沿刀轴矢量方向，按加工表面到刀尖的距离确定钻削深度。选择该深度确定方法，在弹出的"深度"对话框中输入一个正数作为钻削深度。

（3）刀肩深度 沿着刀轴矢量方向，按刀肩（不包括尖角部分）到达位置确定切削深度。使用该方式加工的深度将是完整直径的深度。

（4）至底面 该方法沿刀轴矢量方向，按刀尖正好到达零件的加工底面来确定钻削深度。

（5）穿过底面 如果要使刀肩穿透零件加工底面，可在定义加工底面时，用"通孔安全距离"选项定义相对于加工底面的通孔穿透量。

（6）至选定点 该方法沿刀轴矢量方向，按零件加工表面到指定点的 ZC 坐标之差确定切削深度。

图 4-119 所示为同一组钻孔点使用不同的深度定义方式生成的刀轨示例。

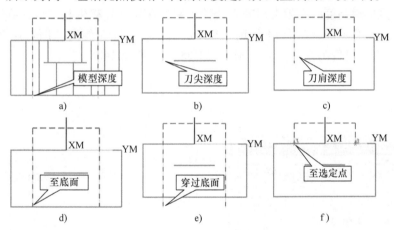

图 4-119 钻削深度示例

a）模型深度 b）刀尖深度 c）刀肩深度 d）至底面 e）穿过底面 f）至选定点

2. 进给率

功能：进给率参数用来设置刀具钻削时的进给速度，对应于钻孔循环中的"F_"指令。

设置：在循环参数设置对话框中选择"进给率"选项，弹出图 4-120 所示对话框。在文本框中重新输入进给速度，默认单位为"毫米每分钟"MMPM，可用"切换单位至 MM-PR"按钮改变进给速度单位为"毫米每转"。

3. 暂停（Dwell）

功能：暂停时间是指刀具在钻削到孔的最深处时的停留时间，对应于钻孔循环指令中的"P_"。

设置：在循环参数设置对话框中选择"Dwell"选项后，弹出图 4-121 所示对话框，各

图 4-120 进给率

选项说明如下：

（1）关　该选项指定刀具钻到孔的最深处时不暂停。

（2）开　该选项指定刀具到孔的最深处时停留指定的时间，它仅用于各类标准循环。

（3）秒　该选项指定暂停时间的秒数。

（4）旋转　该选项指定暂停的转数。

4. 退刀至（Rtrcto）

功能："退刀至"表示刀具钻至指定深度后，刀具回退的高度。

设置："退刀至"有3个选项，如图4-122所示。

（1）距离　可以将退刀距离指定为固定距离。

（2）自动　可以退刀至当前循环之前的上一位置。

（3）设置为空　退刀到最小安全距离。

应用：设置回退高度时必须考虑其安全性，避免在移动过程中与工件或夹具产生干涉。如图4-123所示钻孔示例，孔1、4使用"Rtrcto：自动"；孔3使用"Rtrcto：距离"方式；孔2使用"Rtrcto：设置为空"方式，则退刀时将退刀到不同的高度值。

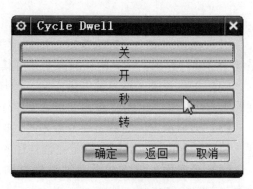

图 4-121　暂停时间

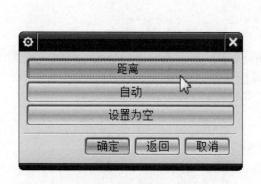

图 4-122　"退刀至"选项

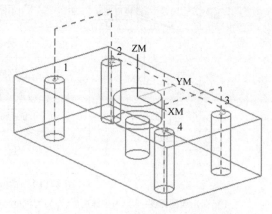

图 4-123　不同的退刀方式示例

5. 步进（Step）值

功能：步进值仅用于钻孔循环为"标准断屑钻"或"标准钻，深孔"方式，表示每次工进的深度值，对应于钻孔循环中的"Q_"指令。

6. 复制上一组参数

功能：设置多个循环参数时，在后一组参数设置时可以通过"复制上一组参数"来延用上一组的深度、进给率、退刀等参数，再根据需要进行修改。

4.4.6　钻孔工序参数设置

钻孔加工的工序对话框除了几何体、刀具、机床控制、程序、选项等参数组以外，还包括刀轴，循环类型、深度偏置、刀轨设置参数组，如图4-124所示。

1. 刀轴

功能：此参数为刀具轴指定一个矢量（从刀尖到刀夹的方向），可通过使用"垂直于部件表面"选项在每个 Goto 点处计算出一个垂直于部件表面的"刀具轴"。

设置：在 3 轴钻孔加工中，通常只能使用"+ZM 轴"。

2. 最小安全距离

功能：最小安全距离指定切削速度转换点，刀具由快速运动或进刀运动改变为切削速度运动。该值即是指令代码中"R _"值。图 4-125 所示为最小安全距离的示意图。

3. 深度偏置

设置"深度偏置"值，对于不通孔，"盲孔余量"指定钻不通孔时孔底部保留的材料量。对于通孔加工，通孔安全距离设置的刀具穿过加工底面的穿透量，以确保孔被钻穿，如图 4-126 所示。

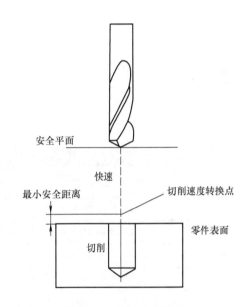

图 4-125　最小安全距离

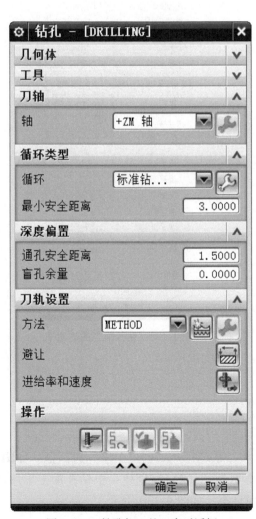

图 4-124　钻孔加工的工序对话框

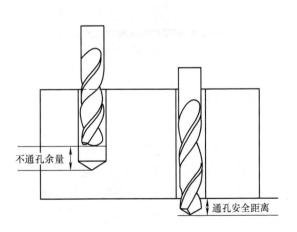

图 4-126　深度偏置

4. 避让

功能：避让是指定钻孔加工前后的一些非切削移动。

设置：避让选项如图 4-127 所示，包括："From 点"（从点）、"Start Point"（起始点）、"Return Point"（返回点）、"Gohome 点"（终止点）、"Clearance Plane"（安全平面）、"Lower Limit Plane"（低限平面）等选项。通常只需要设置"Clearance Plane"（安全平面）选项。

5. 进给率和速度

功能：设置钻孔加工的主轴转速与进给率。

设置：进给率选项中，由于钻孔加工运动相对简单，所以参数相对平面铣工序要少，没有第一刀切削以及初始切削进给率选项。图 4-128 所示为钻孔加工的进给率选项。

图 4-127　避让

图 4-128　钻孔加工的进给率

【任务实施】

1. 创建钻孔加工工序

◆ 步骤 36　创建钻孔加工工序

单击"创建"工具条上的"创建工序"按钮，系统打开"创建工序"对话框。如图 4-129 所示，选择类型为"drill"，再选择工序子类型为　（钻），创建一个钻孔加工工序。确认各选项后单击"确定"按钮，打开钻孔工序对话框，如图 4-130 所示。

◆ 步骤 37　新建刀具

在工序对话框上单击"工具"参数组将其展开，单击刀具新建按钮 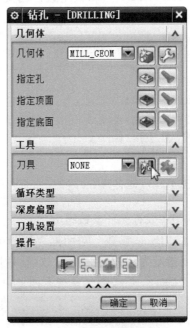，打开"新建刀具"对话框，如图 4-131 所示，选择刀具子类型为"drill"，单击"确定"按钮进入"钻刀"参数对话框，设置钻刀直径为"7.8"，如图 4-132 所示。单击"确定"按钮完成刀具创建，返回钻孔工序对话框。

图 4-129　创建钻孔工序

图 4-130　钻孔工序对话框

图 4-131　新建刀具

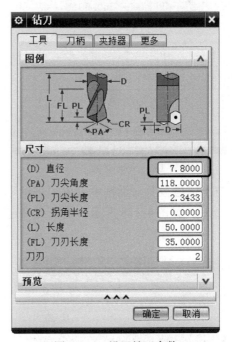

图 4-132　设置钻刀参数

◆ 步骤 38　选择循环类型

在钻孔工序对话框中，从"循环"下拉选项中选择"标准钻，断屑…"，如图 4-133 所示。

◆ 步骤 39　指定参数组

在"Number of Sets"（参数组数）后文本框中输入数字"2"，如图 4-134 所示，使用 2 个循环参数组。

图 4-133　选择循环方式

图 4-134　设置参数组

◆ 步骤 40　设置循环参数组 1

系统显示"Cycle 参数"对话框，如图 4-135 所示，单击"Depth-模型深度"按钮。

选择深度指定为"刀肩深度"，如图 4-136 所示，指定刀肩深度值为"20"，如图 4-137 所示。单击"确定"后按钮，系统返回上一级对话框。

图 4-135　循环参数 1

图 4-136　深度选项

在"Cycle 参数"对话框中单击"进给率（MMPM）"按钮，在进给率对话框中设置进给率为"50"，如图 4-138 所示。单击"确定"按钮返回循环参数对话框。

图 4-137　指定深度

图 4-138　设置进给率

在"Cycle 参数"对话框中单击"Step 值"按钮，指定"Step#1"为"5"，如图4-139所示。单击"确定"按钮返回循环参数对话框。

单击"Rtrcto－无"按钮，进入退刀高度参数设置对话框，单击"自动"按钮，如图4-140所示。设置完成后，单击"确定"按钮，完成第一组循环参数设置。

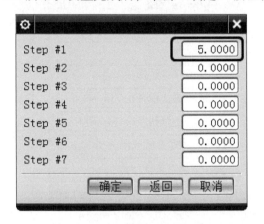

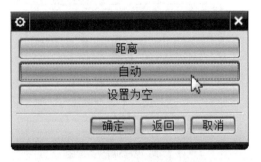

图4-139　设置 Step 值　　　　　　　　图4-140　回退选项

◆ 步骤41　设置参数组 2 的循环参数

系统打开参数 2 的循环参数设置，如图 4-141 所示，单击"复制上一组参数"按钮，复制前一组的参数。

再单击"Depth"按钮，选择深度指定方式为"穿过底面"，如图 4-142 所示，单击"确定"后返回循环参数设置，显示如图 4-143 所示。单击"确定"按钮完成循环参数设置。

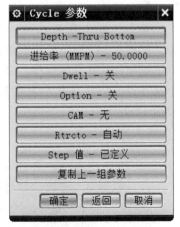

图4-141　循环参数 2　　　　图4-142　深度选项　　　　图4-143　循环参数设置

◆ 步骤42　指定孔

选取钻孔加工工序对话框中的"指定孔"按钮 ，系统弹出图4-144 所示的"点到点几何体"对话框，单击"选择"按钮，系统弹出图4-145 所示的点位选择对话框。

图 4-144 "点到点几何体"对话框

图 4-145 选择

在图形上拾取对角的 2 个销孔，如图 4-146 所示。

单击"Cycle 参数组 –1"选项，选择"参数组 2"，在选择对话框中将显示为"Cycle 参数组 –2"。

单击"面上所有孔"选项，拾取顶面，如图 4-147 所示。完成选择后单击鼠标中键确认钻孔点的选择，则在选择的各个钻孔点上将显示数字表示其钻孔序号，如图 4-148 所示。

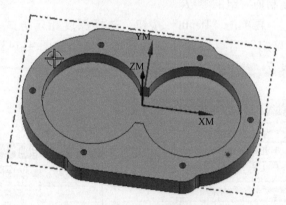

图 4-146 选择孔

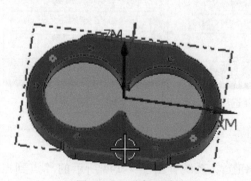

图 4-147 选择通孔

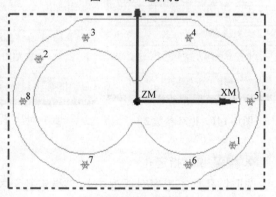

图 4-148 显示钻孔点

在"点到点几何体"对话框上点击"优化"按钮,选择"最短刀轨",再单击"优化"进行优化,在优化完成后将显示优化结果,单击"接受"完成优化,如图 4-149 所示。优化后的钻孔点序号显示如图 4-150 所示。确定返回钻工序对话框。

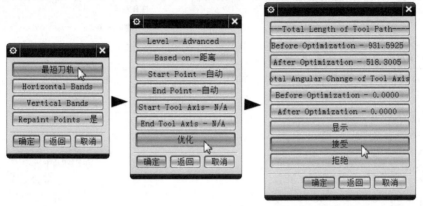

图 4-149 优化

◆ 步骤 43 指定底面

选取钻孔加工工序对话框中的"指定底面"按钮，选择底面选项为"面"，如图 4-151 所示。在图形上选取零件底面，如图 4-152 所示，单击鼠标中键确定底面选择。

◆ 步骤 44 刀轨设置

在钻孔工序对话框中设置参数，如图 4-153 所示设置最小安全距离为"1"、通孔安全距离为"1"。

◆ 步骤 45 设置进给率和速度

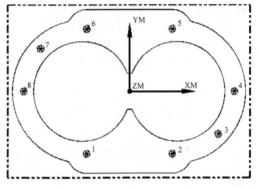

图 4-150 优化后的钻孔顺序

单击"进给率和速度"按钮，弹出"进给率和速度"对话框，如图 4-154 所示，设置主轴速度为"500"，单击鼠标中键返回工序对话框。

图 4-151 底面

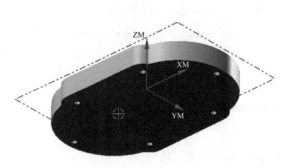

图 4-152 选取底面

图 4-153　钻孔工序对话框

图 4-154　设置进给

◆ 步骤 46　设置避让

在钻孔工序对话框上单击"避让"按钮▣，打开避让选项设置对话框，如图 4-155 所示。选择"Clearance Plane"（安全平面）选项，弹出"安全平面"对话框，如图 4-156 所示，单击"指定"弹出平面构造器，如图 4-157 所示，设置安全平面高度为"50"，图形上显示的安全平面位置如图 4-158 所示。连续单击鼠标中键返回到钻孔工序对话框。

图 4-155　避让

图 4-156　"安全平面"对话框

◆ 步骤 47　生成刀轨

在钻孔工序对话框中单击"生成"按钮✔计算生成刀轨。计算完成的刀轨如图 4-159 所示。

图 4-157　平面构造器

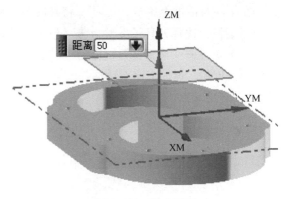

图 4-158　安全平面

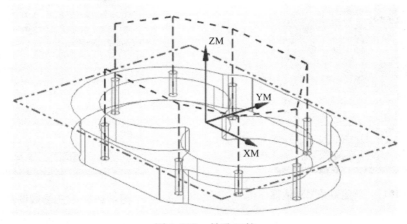

图 4-159　钻孔刀轨

◆ 步骤48　检验刀轨

在图形区通过旋转、平移、放大视图及转换视角，再单击"重播"按钮 回放刀轨。可以从不同角度对刀轨进行查看。图 4-160 所示为前视图下重播的刀轨。

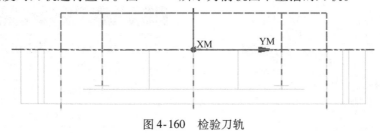

图 4-160　检验刀轨

◆ 步骤49　确定工序

确认刀轨后单击工序对话框底部的"确定"按钮，接受刀轨并关闭工序对话框。

2. 创建铰孔加工工序

◆ 步骤50　创建钻孔加工工序

单击创建工具条上的"创建工序"按钮 ，打开"创建工序"对话框，选择子类型为

152

钻孔（DRILLING），单击"确定"按钮创建一个钻孔加工工序。

◆ 步骤51 新建刀具

在工序对话框上单击"工具"将其展开，单击刀具后"新建"按钮，打开"新建刀具"对话框，选择刀具子类型为（铰刀），如图4-161所示，单击"确定"按钮进入"钻刀"参数对话框，设置钻刀直径为"8"，如图4-162所示。设置完成后单击"确定"按钮完成刀具创建，返回工序对话框。

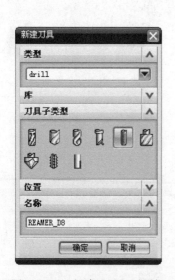

图4-161 "新建刀具"对话框

图4-162 钻刀参数设置

◆ 步骤52 选择循环类型

在钻孔加工工序对话框中，从"循环类型"下拉选项中选择"标准镗…"，如图4-163所示。系统打开参数组设置对话框，默认参数组为"1"，直接确定进入"Cycle参数"设置对话框，如图4-164所示，直接单击"确定"按钮返回工序对话框。

图4-163 选择循环方式

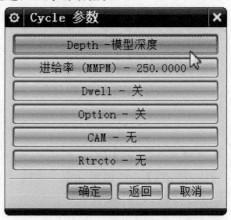

图4-164 循环参数设置

◆ 步骤 53　指定孔

单击钻孔加工工序对话框中的"指定孔"按钮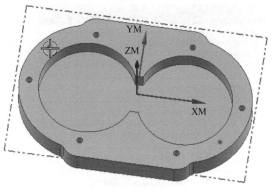，以设定钻孔加工位置。系统弹出"点到点几何体"对话框，单击"选择"按钮，系统弹出"点位选择"对话框。

在图形上拾取对角的 2 个销孔，如图 4-165 所示。

图 4-165　选择销孔

◆ 步骤 54　刀轨设置

在钻孔工序对话框中设置参数，如图 4-166 所示，设置"最小安全距离"为"1"、"盲孔余量"为"3"。

◆ 步骤 55　设置进给率和速度

单击"进给率和速度"按钮，弹出"进给率和速度"对话框，如图 4-167 所示，设置"主轴速度"为"200"，进给率为"150"，单击鼠标中键返回工序对话框。

图 4-166　钻孔工序对话框

图 4-167　设置进给

◆ 步骤 56　设置避让

在工序对话框上单击"避让"按钮，打开避让选项，如图 4-168 所示。

单击"Clearance Plane"（安全平面）选项，弹出"安全平面"对话框，如图 4-169 所示，单击"指定"弹出"平面"对话框，拾取顶面，并指定偏置为"20"，如图 4-170 所示。

图4-168 避让

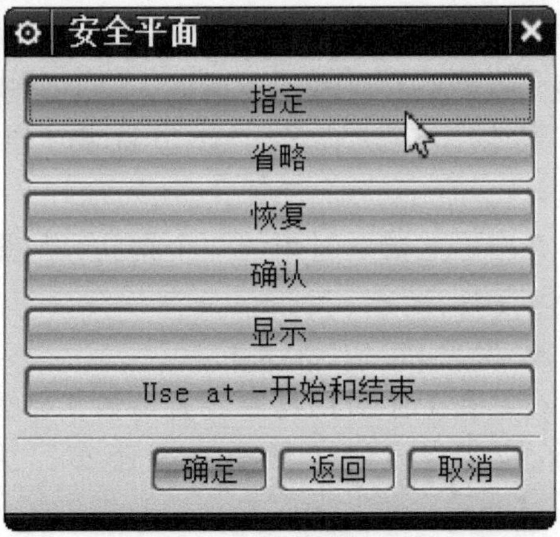

图4-169 安全平面

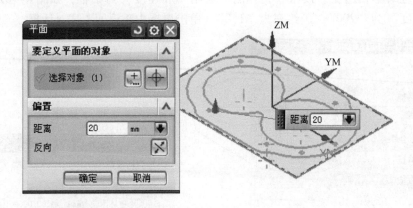

图4-170 指定安全平面

连续单击鼠标中键返回到工序对话框。

◆ 步骤57 生成刀轨

在工序对话框中单击"生成"按钮 计算生成刀轨。计算完成的刀轨如图4-171所示。

◆ 步骤58 检验刀轨

在图形区通过旋转、平移、放大视图及转换视角，再单击"重播"按钮 回放刀轨。可以从不同角度对刀轨进行查看，图4-172所示为前视图下重播的刀轨。

◆ 步骤59 确定工序

确认刀轨后单击工序对话框底部的"确定"按钮，接受刀轨并关闭工序对话框。

◆ 步骤60 保存文件

单击工具栏上的"保存"按钮保存文件。

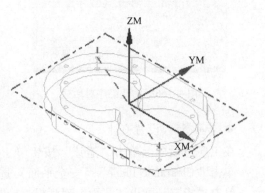

图4-171 钻孔刀轨

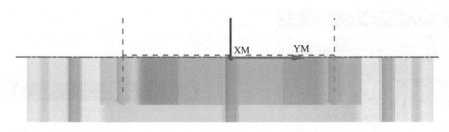

图 4-172　检验刀轨

【任务总结】

钻工序用于创建各种孔加工的工序，在创建钻工序及完成本任务时需要注意以下几点：

1）钻工序创建中指定钻孔点时需要指定参数组。

2）钻孔深度较大时，应该选择断屑钻或者啄钻方式进行加工，在选择循环类型时应选择"标准钻，断屑"或者"标准钻，啄钻"。

3）循环参数中可以设置每一参数组的进给率，而在刀轨设置中设置的进给率将作为通用的进给率。

4）在创建钻工序时，最好指定安全平面，保证在钻加工之前在安全平面上移动到钻孔位置。

5）钻孔时需要指定钻孔刀具，而对于实际生成的刀轨而言，使用的刀具并不影响最后的刀轨。

6）对于采用单一参数组的钻工序，先指定钻孔点再进行循环参数设置或者先设置循环参数再指定孔并不影响生成的刀轨。

7）循环参数中的回退参数如果设置为"无"，一定要确认在所有孔之间不存在凸出的材料或者夹具等干涉因素。

8）在铰削或者镗削不通孔时，必须要在孔底部留有余量，以免堵塞。

拓展知识　平面文本铣削

平面文本铣削工序用于生成沿文本曲线加工的刀轨，将制图文本的曲线离散后并投影到底面上生成刀轨。

平面文本铣削生成的刀轨与标准驱动的平面铣类似，其刀具位置只能"对中"，而且平面文本铣削是从底面开始加工，向下加工一个指定的文本深度。

选择平面铣的子类型为 $\overset{A}{\sqsubseteq}$（PLANAR-TEXT）创建平面文本铣削工序，可以进行文字雕刻加工。打开的工序对话框如图 4-173 所示，平面文本的切削参数选项相对要少得多。

1. 几何体的选择

应用：文本铣削的加工对象只有文本和底面选项，在"平面文本"工序对话框中单击"指定制图文本"按钮 A，系统打开"文本几何体"对话框，如图 4-174 所示。直接在图形上拾取注释文字，如图 4-175 所示。

图 4-173 "平面文本"工序对话框

图 4-174　文本几何体

图 4-175　选择文本几何体

　　文本几何体可以选择在制图模块中创建的文本，或者使用"插入注释"功能创建的文本，但不能使用"插入→曲线→文字"功能创建的文字。

　　2. 文本深度

　　应用：在"平面文本"工序对话框中，需要设置文本深度值，这个深度值是文本加工到底面以下的深度距离。如图 4-176 所示，刀轨在底面之下。文本深度较大时，可以设置每刀深度进行分次加工，与面铣削的设置方法相同。

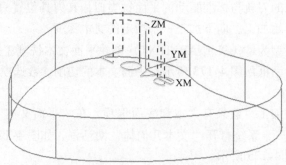

图 4-176　文本铣削

下面以在零件上增加一个文本标识"PUMP2011"的雕刻加工为例说明平面文本工序的应用。在创建平面文本工序前先创建好注释文本"PUMP2011"。

◆ 步骤 61 　创建刀具

在工具条上单击"创建刀具"按钮，指定刀具类型为"mill＿planar"，刀具子类型为"球刀"，刀具名称为"BALL＿D2"，单击"确定"按钮进入铣刀参数对话框，设置球刀直径为"2"，单击"确定"按钮创建一个球头刀具"BALL＿D2"。

◆ 步骤 62 　创建文本铣削工序

单击创建工具条上的"创建工序"按钮，工序子类型为"平面文本"，选择刀具为"BALL＿D2"，确认各选项后单击"确定"按钮，打开"平面文本"工序对话框，如图4-177所示。

◆ 步骤 63 　指定制图文本

在工序对话框的主界面上单击"指定制图文本"按钮A，系统打开"文本几何体"对话框，如图4-178所示。在图形上选择注释文字，如图4-179所示。

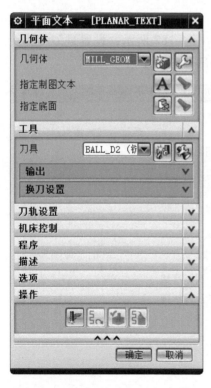

图 4-177　"平面文本"工序对话框

图 4-178　"文本几何体"对话框

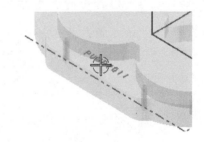

图 4-179　选择文本几何体

◆ 步骤 64 　指定底面

在"平面文本"工序对话框中单击"指定底面"按钮，弹出"平面构造"对话框，选择顶平面并单击"确定"按钮，完成底面的设置，如图4-180所示。

◆ 步骤 65 　刀轨设置

在"平面文本"对话框中进行刀轨设置，设置文本深度为"1"，每刀深度为"0.5"，如图 4-181 所示。

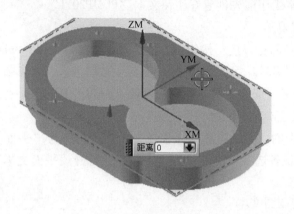

图 4-180 指定底面

◆ 步骤 66 设置非切削移动

单击"非切削移动"按钮 ⊞，设置进刀参数如图 4-182 所示，设置进刀类型为"插削"，高度为"0.5"。单击"确定"按钮，完成非切削移动设置。

图 4-181 刀轨设置   图 4-182 非切削移动

◆ 步骤 67 设置进给率和速度

单击"进给率和速度"按钮 🖳，弹出"进给率和速度"对话框，设置主轴速度为

"4000"，切削进给率为"200"。展开"更多"参数组，设置进刀速度为30%的切削进给率。单击"确定"按钮返回工序对话框。

◆ 步骤68 生成刀轨

在工序对话框中单击"生成"按钮 计算生成刀轨，产生的刀轨如图4-183所示。

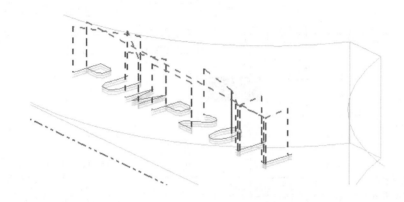

图4-183 平面文本铣削刀轨

◆ 步骤69 确定工序

确认刀轨后单击工序对话框底部的"确定"按钮，接受刀轨并关闭对话框。

练习与评价

【回顾总结】

本项目完成泵盖的数控编程，通过4个任务掌握UG NX软件编程中平面铣工序与钻工序的创建以及刀轨设置选项相关知识与技能。图4-184所示为本项目总结的思维导图，左侧为知识点与技能点，右侧为项目实施的任务及关键点。

【思考练习】

1. 平面铣与型腔铣工序有何相同点与不同点？
2. 平面铣的切削层如何设置？
3. 平面铣部件边界、毛坯边界、检查边界的材料侧如何确定？
4. 指定部件边界有哪几种方法？
5. 刀轨确认有何作用？
6. 钻工序中循环类型有哪几种？分别对应哪个G代码指令？
7. 钻工序中指定点位时如何进行切削顺序的优化？
8. 钻工序的循环设置中指定深度的方法有哪几种？

扫描二维码进行测试，
完成19个选择判断题。

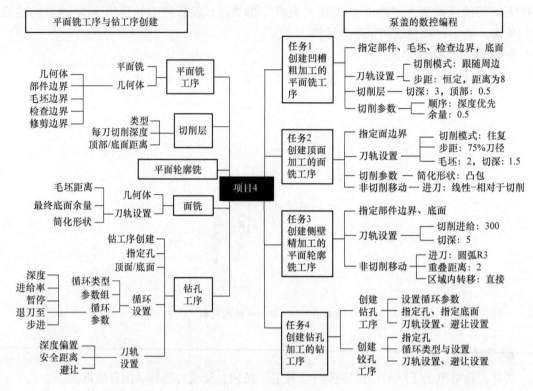

图 4-184　项目 4 总结

【自测项目】

完成图 4-185 所示某零件（E4. PRT）的数控加工程序创建。

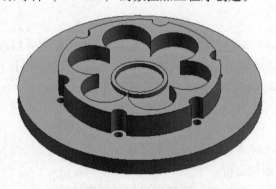

图 4-185　自测项目 4

具体工作任务包括：

1. 创建坐标系几何体与工件几何体。
2. 创建粗加工平面铣工序。
3. 创建侧面精加工平面轮廓铣工序。
4. 创建水平面精加工工序。
5. 创建钻孔加工工序。

6. 创建铰孔加工工序。

7. 后置处理生成数控加工程序文件。

【学习评价】

序号	评价内容	达成情况		
		优秀	合格	不合格
1	扫码完成基础知识测验题，测验成绩			
2	能正确选择平面铣的父本组			
3	能正确指定平面铣工序的部件边界、毛坯边界、修剪边界几何体			
4	能正确设置平面铣工序的切削层参数			
5	能正确指定孔			
6	能正确设置钻工序的循环参数			
7	能正确设置钻工序的刀轨设置参数			
8	能设置合理参数完成粗加工的平面铣工序创建			
9	能设置合理参数完成精加工的平面轮廓铣工序创建			
10	能设置合理参数完成孔加工的钻工序创建			
	综合评价			

存在的主要问题：

项目 5

头盔凸模的数控编程

项目概述

本项目要求完成头盔凸模（见图 5-1）的数控加工编程。零件材料为 45 钢，毛坯为锻件，文件名称为 T5. prt。

这是一个较为复杂的模具，其加工精度要求较高，因而需要按粗加工、半精加工、精加工的顺序进行加工。在精加工中，还需要按照加工区域的特点选择不同的加工方式，在陡面部分采用等高轮廓加工，而在浅面部分则应该选择固定轮廓铣方式。通过本项目学习，学生应掌握 UG NX 软件编程中区域铣削驱动的固定轮廓铣的创建与应用。

图 5-1　头盔凸模

学习目标

➢ 能够合理设置型腔铣的刀轨参数。
➢ 知道深度轮廓加工的特点与应用。
➢ 能够正确创建深度轮廓加工工序。
➢ 知道固定轮廓铣的特点与应用。
➢ 掌握区域铣削驱动方法设置。
➢ 能够正确创建固定轮廓铣工序。
➢ 能够合理选择切削模式创建区域轮廓铣加工工序。
➢ 能够合理选择复杂零件曲面的精加工方式。

任务 5-1　创建粗加工的型腔铣工序

【学习目标】

➢ 能够正确进行加工前的准备工作。
➢ 能够正确创建复杂零件的粗加工型腔铣工序。
➢ 能够合理设置型腔铣的刀轨参数。

【任务分析】

在模具型腔加工这种典型的单件生产中，零件毛坯往往是一个标准的立方块，通常在加工前会对毛坯进行初步的光面处理，大部分余量需要在粗加工中去除。在粗加工工序创建时，一般使用型腔铣工序，并且选择较大直径的刀具来提高粗加工的加工效率。

在本任务中，首先要进行初始设置，包括刀具的创建与几何体的创建，然后进行粗加工工序的创建。

【任务实施】

创建粗加工工序的步骤如下：

◆ **步骤 1**　启动 UG NX 软件并打开模型文件

启动 UG NX 软件，打开文件名称为 T5. prt 的部件文件。

◆ **步骤 2**　检查模型

从不同角度检查模型，确认无明显错误。使用测量工具测量距离，确定零件大小与关键点的坐标值；确认零件的工作坐标系在零件的顶面中心，但该顶面中心并非绝对坐标原点，如图 5-2 所示。

图 5-2　检查模型

◆ **步骤 3**　进入加工模块，在"应用模块"工具条上单击"加工"按钮，打开"加工环境"对话框，选择"要创建的 CAM 设置"为"mill _ contour"。单击"确定"按钮进行加工环境的初始化设置。

◆ **步骤 4**　创建刀具

单击创建工具条上的"创建刀具"按钮　。系统弹出"创建刀具"对话框，如图 5-3所示，选择刀具子类型为面铣刀，并输入名称"T1‐D63R6"，单击"应用"按钮打开铣刀参数对话框。系统默认新建铣刀为 5 参数铣刀，如图 5-4 所示。设置刀具直径为 "63"，下半径为 "6"，刀刃数为 "4"，刀具号为 "1"，单击 "确定" 按钮创建铣刀 "T1-D63R6"。

用同样方法创建名称为 "T2-D32R6" 的铣刀，设置刀具直径为 "32"，下半径为 "6"，刀刃数为 "2"，刀具号为 "2"。设置完各参数后单击 "确定" 按钮创建刀具 "T2-D32R6"。

再创建名称为 "T3-D25R5" 的铣刀，设置刀具直径为 "25"，下半径为 "5"，刀具号为 "3"，单击 "确定" 按钮完成创建。

再创建名称为 "T4-B8" 的铣刀，设置刀具直径为 "8"，下半径为 "4"，刀具号为 "4"，单击 "确定" 按钮完成刀具创建。

再创建名称为 "T5-B16R8" 的铣刀，设置刀具直径为 "16"，下半径为 "8"，刀具号为 "5"，单击 "确定" 按钮完成刀具创建。

图 5-3 "创建刀具" 对话框

图 5-4 设置刀具参数

◆ 步骤5 创建坐标系几何体

单击工具栏中的 "创建几何体" 按钮，系统打开 "创建几何体" 对话框，如图 5-5 所示。选择几何体子类型为 "MCS"，输入名称为 "MCS"，单击 "确定" 按钮进行坐标系几何体的建立。系统打开 "MCS" 对话框，如图 5-6 所示。

在对话框中选择 "CSYS" 按钮，打开 "CSYS" 对话框，如图 5-7 所示，选择类型为 "动态"，参考为 "WCS"，单击 "确定" 按钮将 MCS 设置与 WCS 重合，如图 5-8 所示。

在 "MCS" 对话框的 "安全设置" 参数组下，指定安全设置选项为 "平面"，单击指定平面的 "平面" 按钮，打开 "平面" 对话框，如图 5-9 所示，指定类型为 "XC-YC 平面"，偏置和参考距离为 "50"，在图形上显示安全平面位置如图 5-10 所示，单击 "确定" 按钮完成平面指定。单击 "MCS" 对话框的 "确定" 按钮完成几何体 "MCS" 创建。

图 5-5 "创建几何体"对话框

图 5-6 MCS 设置

图 5-7 CSYS 设置

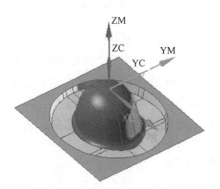

图 5-8 显示 MCS

图 5-9 平面

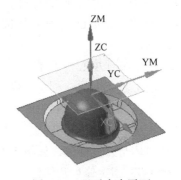

图 5-10 显示安全平面

◆ 步骤6　创建工件几何体

再次单击"创建"工具条中的"创建几何体"按钮 ，系统打开"创建几何体"对话框，如图5-11所示。选择几何体子类型为"铣削"，位置几何体为"MCS"，再单击"确定"按钮，打开"铣削几何体"对话框，如图5-12所示。

图5-11　"创建几何体"对话框　　　图5-12　"铣削几何体"对话框

◆ 步骤7　指定部件

在对话框上方单击"指定部件"按钮 ，将选择过滤方式改为"面"，窗选所有曲面，在图形上所有的面都改变颜色显示，表示已经选中的部件几何体，如图5-13所示。单击"确认"按钮完成部件几何体的选择，返回"铣削几何体"对话框。

◆ 步骤8　指定毛坯

在"铣削几何体"对话框上单击"指定毛坯"按钮 ，系统弹出"毛坯几何体"对话框，指定类型为"包容块"，并指定"ZM－"方向极限为"10"，如图5-14所示。单击"确定"按钮完成毛坯几何图形的选择，返回"铣削几何体"对话框。单击"确定"按钮完成铣削几何体的创建。

图5-13　指定部件

◆ 步骤9　创建型腔铣工序

单击创建工具条上的"创建工序"按钮 ，在"创建工序"对话框中选择工序子类型为型腔铣 ，选择刀具为"T1-D63R6"，几何体为"MILL_GEOM"，设置各个组参数，如图5-15所示。确认后单击"确定"按钮开始型腔铣工序的创建。打开"型腔铣"工序对话框，显示几何体与刀具部分，如图5-16所示。

◆ 步骤10　指定修剪几何体

在"型腔铣"对话框单击"指定修剪边界"按钮 ，系统打开"修剪边界"对话框，默认的选择方法为"面" ，指定修剪侧为"外部"，如图5-17所示。

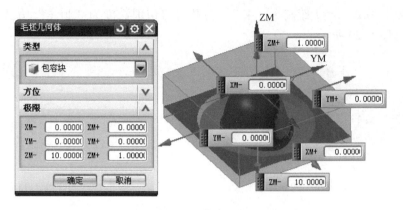

图 5-14　指定毛坯

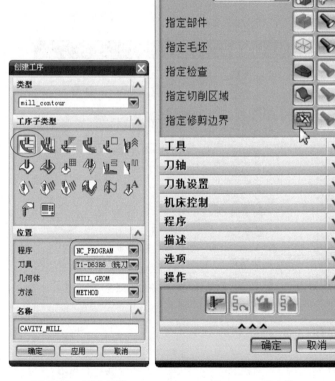

图 5-15　创建工序　　　图 5-16　型腔铣　　　图 5-17　修剪边界

拾取图形的水平面，如图 5-18 所示，则平面的外边缘将成为修剪边界几何体，如图 5-19所示。

◆ **步骤 11** 刀轨设置

在"型腔铣"工序对话框中展开刀轨设置参数组，选择切削模式为"跟随周边"，设置步距为"恒定"方式，最大距离为"45"，公共每刀切削深度为"恒定"方式，最大距离为"1.2"，如图5-20所示。

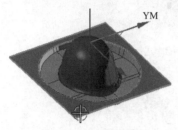

图5-18 拾取水平面

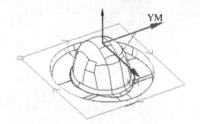

图5-19 修剪边界几何体

◆ 步骤12 设置切削策略参数

在"型腔铣"工序对话框中，单击"切削参数"按钮进入切削参数设置。首先打开"策略"选项卡，设置参数如图5-21所示，切削顺序为"深度优先"，勾选"岛清根"选项，壁清理设置为"无"。

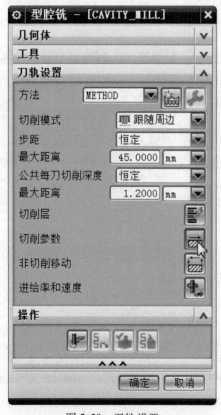

图5-20 刀轨设置

图5-21 "策略"选项卡

◆ 步骤13 设置余量参数

单击选择"切削参数"对话框顶部的"余量"选项卡，如图5-22所示，设置余量与公差参数。设置部件侧面余量与部件底面余量为不同值，分别为"0.6"、"0.3"，粗加工时内、外公差值均为"0.1"。

◆ 步骤 14　设置拐角参数

单击选择"切削参数"对话框顶部的"拐角"选项卡，如图 5-23 所示，设置各参数。设置拐角处的刀轨形状，光顺为"所有刀路"。

完成设置后单击"确定"按钮完成切削参数的设置，返回工序对话框。

◆ 步骤 15　设置进刀选项

单击"非切削移动"按钮，弹出"非切削移动"对话框，首先显示"进刀"选项卡，如图 5-24 所示，设置进刀参数。

图 5-22　余量

图 5-23　拐角

图 5-24　设置进刀参数

在封闭区域采用"螺旋"方式进刀，斜坡角为"10"，有利于刀具以均匀的切削力进入切削。

在开放区域使用进刀类型为"线性"，长度为60%的刀具直径。

◆ 步骤16 设置退刀选项

单击选择"退刀"选项卡，如图5-25所示，设置退刀参数。设置退刀类型为"无"，直接退刀。

◆ 步骤17 设置转移方法

单击选择"转移/快速"选项卡，设置安全设置选项为"使用继承的"，区域之间的转移类型为"安全距离-刀轴"，区域内的转移方式为"进刀/退刀"，转移类型为"安全距离 – 刀轴"，如图5-26所示。

图5-25 退刀

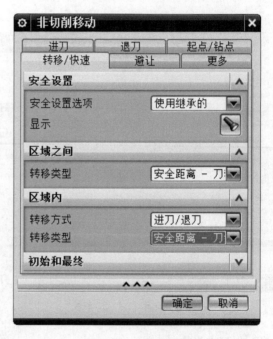

图5-26 转移/快速

单击鼠标中键返回"型腔铣"工序对话框。

◆ 步骤18 设置进给率和速度

单击"进给率和速度"按钮，弹出"进给率和速度"对话框，设置表面速度为"200"，每齿进给量为"0.3"，系统计算得到主轴转速与切削进给率，如图5-27所示。单击进给率下的"更多"参数组，设置进刀为"50%"的切削进给率，第一刀切削为"60%"的切削进给率，退刀为"快速"，如图5-28所示。

单击鼠标中键返回"型腔铣"工序对话框。

◆ 步骤19 生成刀轨

在工序对话框中单击"生成"按钮计算生成刀轨。计算完成的刀轨如图5-29所示。

◆ 步骤20 确定工序

确认刀轨后单击"型腔铣"工序对话框底部的"确定"按钮，接受刀轨并关闭工序对话框。

图 5-27　进给率和速度

图 5-28　更多

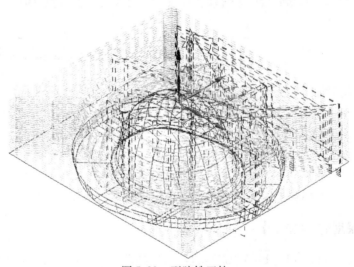

图 5-29　型腔铣刀轨

【任务总结】

在完成这个零件的粗加工型腔铣工序前还要进行初始设置。在完成任务过程中需要注意以下几点：

1）创建坐标系几何体时，由于零件并非在绝对坐标原点位置，因此要使用工作坐标系来创建 MCS。

2）创建工件几何体时，由于零件模型是曲面模型，因而过滤方式不能使用默认的"实体"来指定部件。

3）创建毛坯几何体时，在顶部做小量的向上扩展，在底部向下扩展，符合实际加工时的毛坯形状，并且在可视化的刀轨检验时有更好的效果。

4）为限定切削范围，指定毛坯的边缘作为修剪边界，将外部的刀轨进行修剪。

5）设置切削策略参数时，一定要勾选"岛清理"，否则可能产生在前面的切削层中岛屿周边大量的残余量未去除，而后续的切削层一次做大量的切削。

6）在余量设置时，考虑部件的侧面还要做半精加工，而底面不再做半精加工，设置不同的部件余量。

7）为使切削过程中刀具负荷稳定，进行拐角设置，设置拐角处的刀轨形状为光顺在所有刀路。

8）非切削移动的进刀选项设置中，封闭区域采用螺旋进刀方式。

9）在转移设置中，设置区域内的转移类型为"安全距离-刀轴"，使刀具在完成一层切削后抬刀到安全平面，方便在加工过程中对刀具进行检查。

10）进给率与速度设置时，可以输入刀具推荐的表面速度与每齿切削量，由系统计算得到主轴转速与切削进给率。

任务5-2　创建半精加工的深度轮廓加工工序

【学习目标】

➢ 了解深度轮廓加工工序与型腔铣工序的差别。
➢ 理解陡峭空间范围的含义与设置。
➢ 能够正确创建深度轮廓加工工序。

【任务分析】

进行粗加工后，为使精加工时余量更加均匀，需要进行半精加工。

【知识链接　深度轮廓加工】

深度轮廓加工（ZLEVEL＿PROFILE）也称为等高轮廓铣，是一种特殊的型腔铣工序，只加工零件实体轮廓与表面轮廓，与型腔铣中指定为轮廓铣削方式加工有点类似。深度轮廓加工工序通常用于陡峭侧壁的精加工。

深度轮廓加工工序与型腔铣的差别在于：

1）深度轮廓加工工序可以指定陡峭空间范围，限定只加工陡峭区域。

2）深度轮廓加工工序可以设置更加丰富的层间连接策略。

3）深度轮廓加工工序不需要毛坯，可以直接针对部件几何体生成刀轨。

深度轮廓加工工序的创建与型腔铣的创建步骤相同，在创建工序时选择工序子类型为 ⬚，创建深度轮廓加工工序时，设置工序对话框的相关参数，如图5-30所示，选择几何体，指定刀具，再进行刀轨设置，包括切削层与切削参数、非切削移动、进给率和速度等参数组设置，完成所有设置后生成刀轨。

从工序对话框看，深度轮廓加工工序的大部分选项与型腔铣是相同的。

在刀轨设置中，不需要选择切削模式，增加了陡峭空间范围、合并距离、最小切削深度等参数。另外，在切削参数的选项中也有部分参数有所不同。

深度轮廓加工工序的刀轨设置除了与型腔铣相同的参数以外，有部分参数是其特有的，以下介绍这些选项。

1. 陡峭空间范围

功能：深度轮廓加工工序与型腔铣中指定为轮廓铣削的最大差别在于等高轮廓铣可以区别陡峭程度，只加工陡峭的壁面。

设置：陡峭空间范围可以选择"无"或者"仅陡峭的"。

陡峭空间范围设置为"无"，整个零件轮廓将被加工，如图 5-31a 所示。

陡峭空间范围设置"仅陡峭的"，需要指定角度。只有陡峭度大于指定陡峭角度的区域被加工，非陡峭区域就不加工，如图 5-31b 所示为指定陡角为"65"产生的刀轨。

2. 合并距离

功能：将小于指定距离的切削移动的结束点连接起来，以消除不必要的刀具退刀。

应用：当部件表面陡峭度变化较多，在非常接近指定的陡峭角度时，陡峭度的微小变化会引起退刀。另外，在表面间存在小的间隙时，应用合并距离可以减少退刀。当生成的刀轨有较多的很接近的退刀与进刀切削路径时，可以将合并距离设置得稍大点。

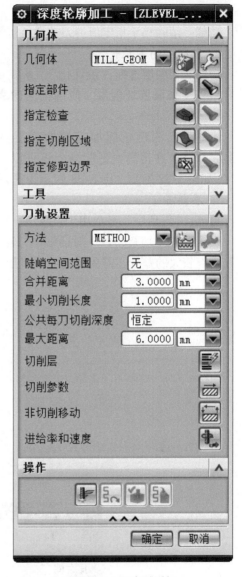

图 5-30 工序对话框

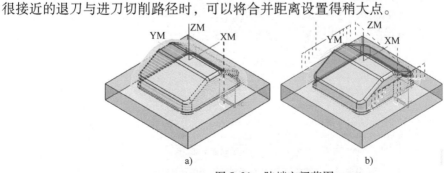

a)   b)

图 5-31 陡峭空间范围
a）设置为"无" b）设置为"仅陡峭的"

3. 最小切削长度

功能：消除小于指定值的刀轨段。

4. 切削层的最优化

功能：切削层选择"最优化"，系统将根据不同的陡峭程度来设置切削层，使加工后的表面残余相对一致。

设置：在深度轮廓加工的切削层选项中，除"恒定"、"仅在范围底部"外，还可以选择"最优化"，如图 5-32 所示。图 5-33 所示为选择"最优化"的切削刀轨示例。

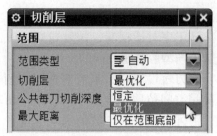

图 5-32　切削层

5. 层到层

功能："层到层"参数用于设置上一层向下一层转移时的移动方式。

设置：在"切削参数"对话框中打开"连接"选项卡，如图 5-34 所示，其参数设置与型腔铣有较大的差别，需要设置"层到层"的连接方式和"在层之间切削"的相关参数。

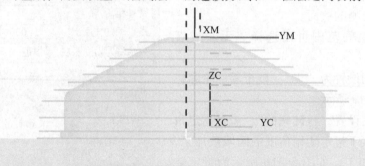

图 5-33　最优化切削层示例

图 5-34　连接参数

"层到层"有以下 4 个选项，不同移动方式的应用示例如图 5-35 所示。

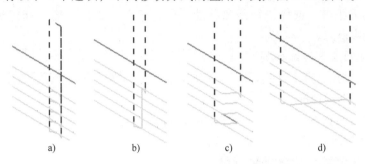

图 5-35　层到层

a）使用转移　b）直接对部件进刀　c）沿部件斜进刀　d）对部件交叉斜进刀

（1）使用转移方法　使用非切削移动中设置的传递方法，通常要抬刀。

（2）直接对部件进刀　直接沿着加工表面下插到下一切削层。

（3）沿部件斜进刀　沿着加工表面按一定角度倾斜地下插到下一切削层。

（4）对部件交叉斜进刀　沿着加工表面倾斜下插，但起点在前一切削层的终点。

应用："使用转移方法"方式需要抬刀，空行程较多；"直接对部件进刀"方式路径最短，但形成的进刀痕迹最明显；"沿部件斜进刀"与"对部件交叉进刀"方式相对来说进刀痕迹较小，并且不在同一位置分布。

6. 在层之间切削

功能：可以实现在一个深度轮廓加工工序中同时对陡峭区域和非陡峭区域加工。勾选此选项，可在等高加工中的切削层间存在间隙时创建额外的切削。"在层之间切削"可消除标准层到层加工工序中留在浅区域中的相对较大的残余高度。图 5-36 所示为"在层之间切削"方式打开和关闭时的刀轨对比示例。

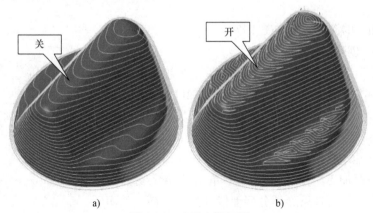

图 5-36　在层之间切削

a）关闭"在层之间切削"　b）打开"在层之间切削"

设置：勾选"在层之间切削"后，需要设置的参数如图 5-37 所示。

（1）步距　指定水平切削步距，可以选择使用切削深度、恒定、刀具直径百分比、残余高度方式进行指定。

（2）短距离移动上的进给　在层间移动距离较小时可以选择该进给方式，关闭该选项将采用转移策略指定的方法。

（3）最大移刀距离　选择"短距离移动上的进给"方式时，需要指定最大移刀距离，超过这一距离的将退刀。

7. 在刀具接触点下继续切削

功能："在刀具接触点下继续切削"选项用于指定当零件下方出现空的区域，即不存在刀具接触点时是否继续切削。

设置：在切削参数的"策略"选项卡中，可选择打开或关闭该选项。图5-38所示为"在刀具接触点下继续切削"打开和关闭时的应用示意图。

图 5-37　层之间

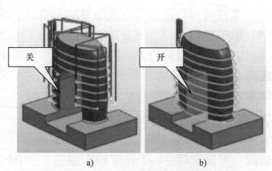

图 5-38　在刀具接触点下继续切削
a）关闭　b）打开

【任务实施】

创建半精加工的深度轮廓加工工序。

◆ **步骤21**　创建工序

单击"创建"工具条上的"创建工序"按钮，选择工序子类型为深度轮廓加工，选择刀具为"T2-D32R6"，几何体为"MILL_GEOM"，方法为"METHOD"，如图5-39所示。确认各参数后单击"确定"按钮进行工序的创建。

◆ **步骤22**　指定切削区域

在"深度轮廓加工"工序对话框中单击"指定切削区域"按钮，在图形区选取除外分型面以外的所有面，如图5-40所示。

◆ **步骤23**　刀轨设置

展开"刀轨设置"参数组，设置公共每刀切削深度为"恒定"，最大距离为"0.6"，如图5-41所示。

◆ **步骤24**　设置切削层

单击"切削层"按钮，打开"切削层"对话框，设

图 5-39　创建工序

置切削层为"最优化",如图 5-42 所示。

◆ **步骤 25** 设置切削参数

在"深度轮廓加工"对话框上选择"切削参数"按钮，设置"策略"参数如图 5-43 所示，指定切削方向为"混合"，切削顺序为"深度优先"。

再单击"余量"选项卡，设置余量与公差参数如图 5-44 所示，设置部件侧面余量为"0.3"。

单击"连接"选项卡，设置连接参数如图 5-45 所示，层到层设置为"直接对部件进刀"方式，并勾选"在层之间切削"，设置步距为"恒定"，最大距离为"8"，勾选"短距离移动上的进给"。

单击鼠标中键完成切削参数设置并返回工序对话框。

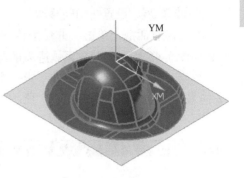

图 5-40 指定切削区域

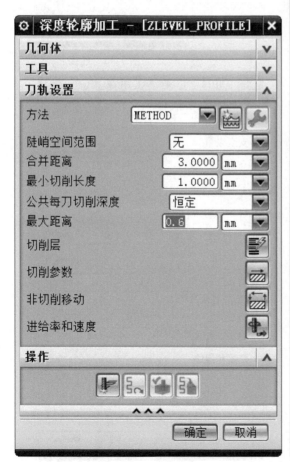

图 5-41 刀轨设置

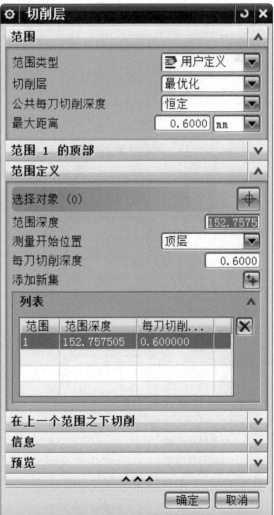

图 5-42 切削层参数设置

◆ 步骤 26　设置非切削移动

在工序对话框上单击"非切削移动"按钮，打开"非切削移动"对话框，设置进刀参数如图 5-46 所示，开放区域进刀的圆弧半径为"3"，高度为"3"。

单击"转移/快速"选项卡，将区域内的转移方式设置为"抬刀和插削"，转移类型为"Z 向最低安全距离"，如图 5-47 所示。

图 5-43　策略　　　　图 5-44　余量

图 5-45　连接

图 5-46　进刀　　　　图 5-47　转移/快速

设置完成后单击鼠标中键返回工序对话框。

◆ **步骤 27** 设置进给率和速度

单击"进给率和速度"按钮 ，弹出"进给率和速度"对话框，输入表面速度为"250"，每齿进给量为"0.2"，单击计算按钮计算得到主轴速度和切削进给率，如图 5-48 所示，再将数值取整，如图 5-49 所示，并设置进刀的进给率为 50% 的切削进给率，确定返回工序对话框。

图 5-48 进给率和速度

图 5-49 "进给率和速度"对话框

◆ **步骤 28** 生成刀轨

在工序对话框中单击"生成"按钮 计算生成刀轨。计算完成的刀轨如图 5-50 所示。

◆ **步骤 29** 确定工序

对刀轨进行检验，图 5-51 所示为 2D 动态检验结果。确认刀轨后单击工序对话框底部的"确定"按钮，接受刀轨并关闭对话框。

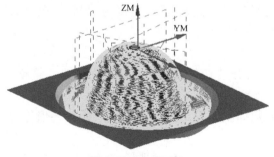

图 5-50 生成刀轨

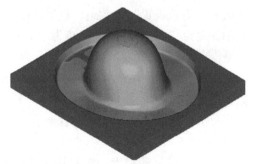

图 5-51 2D 动态检验结果

【任务总结】

深度轮廓加工工序常用于陡峭壁面的精加工或半精加工，在创建深度轮廓加工工序时需要注意以下几点：

1）本任务加工的底部区域会有相对较大的加工余量，因此必须进行半精加工。

2）指定切削区域可以只在选择的面上生成刀轨，如本任务中不指定切削区域，将会在水平面上生成刀轨。

3）在切削层设置中选择"最优化"选项，系统将根据不同的陡峭程度来设置切削层，使加工后的表面残余相对一致。

4）设置切削参数中"连接"选项卡时，设置"层到层"方式为"直接对部件进刀"，以减少层间连接的进退刀；勾选"在层之间切削"选项，对浅面区域作补加工，使残余量更为均匀。

任务 5-3　创建陡峭壁面精加工的深度轮廓加工工序

【学习目标】

➤ 掌握深度轮廓加工工序中的陡峭设置。

➤ 能够正确创建精加工的深度轮廓加工工序。

【任务分析】

由于本任务的零件较为复杂，因此需要分区域进行精加工，将加工区域划分为陡峭壁面和浅面区域。首先要完成侧面上的陡峭壁面的精加工。

【任务实施】

◆ 步骤 30　创建工序

单击"创建"工具条上的"创建工序"按钮 ，选择工序子类型为深度轮廓加工，选择各个组参数，如图 5-52 所示。确认后单击"确定"按钮进行工序的创建。

◆ 步骤 31　刀轨设置

展开"刀轨设置"参数组，设置陡峭空间范围为"仅陡峭的"，角度为"44"，公共每刀切削深度为"恒定"，最大距离为"0.3"，如图 5-53 所示。

◆ 步骤 32　设置切削参数

在工序对话框上单击"切削参数"按钮 ，打开"切削参数"对话框，设置"策略"参数如图 5-54 所示，指定切削方向为"顺铣"，切削顺序为"深度优先"。

再单击"余量"选项卡，设置余量与公差参数如图 5-55 所示，设置内、外公差值均为"0.001"。

单击"连接"选项卡，设置连接参数如图 5-56 所示，层到层选择"沿部件交叉斜进刀"方式。单击"确定"按钮返回工序对话框。

图 5-52　创建工序

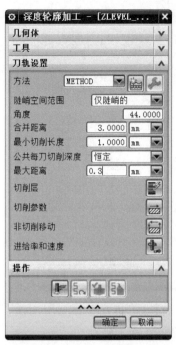

图 5-53　刀轨设置

图 5-54　策略

图 5-55　余量

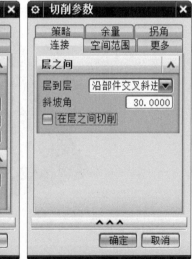

图 5-56　连接

◆ **步骤 33**　设置非切削移动

在工序对话框上单击"非切削移动"按钮，打开"非切削移动"对话框，设置进刀参数如图 5-57 所示，开放区域进刀的圆弧半径为"2"。设置完成后单击鼠标中键返回工序对话框。

◆ **步骤 34**　设置进给率和速度

单击"进给率和速度"按钮，弹出"进给率和速度"对话框，并设置主轴速度为"3000"，切削进给率为"1500"，如图 5-58 所示，单击"确定"按钮返回工序对话框。

图 5-57　进刀

图 5-58　"进给率和速度"对话框

◆ 步骤 35　生成刀轨

在工序对话框中单击"生成"按钮 计算生成刀轨，计算完成的刀轨如图 5-59 所示。

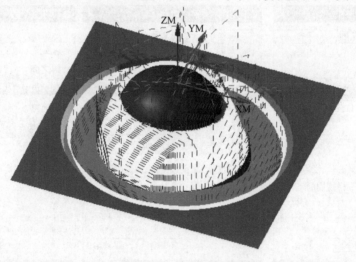

图 5-59　生成刀轨

◆ 步骤 36　确定工序

对刀轨进行检验，确认刀轨后单击工序对话框底部的"确定"按钮，接受刀轨并关闭对话框。

【任务总结】

完成本任务时，需要注意以下几点：

1）将陡峭空间范围设置为"仅陡峭的"，则切削时只加工大于指定角度的峭壁。

2）层到层选择"沿部件交叉斜进刀"可以减少抬刀次数，并且减少进刀痕迹。

3）进刀时可以设置为圆弧进刀。

任务 5-4　创建浅面区域精加工的区域轮廓铣工序

【学习目标】

➤ 了解固定轮廓铣的特点与应用。

➤ 了解区域铣削的特点与应用。

➤ 掌握固定轮廓铣的几何体选择。

➤ 掌握区域铣削驱动方法设置。

➤ 能够正确创建固定轮廓铣工序。

➤ 能够合理选择切削模式，创建区域轮廓铣加工工序。

➤ 能够通过指定切削区域限制加工范围。

➤ 能够按需要创建辅助图形进行加工区域的限定。

【任务分析】

零件侧面的陡峭部分精加工之后，对于非陡峭的部分还需要分成几个部分进行精加工，包括外分型面、内分型面和顶部成形面。

外分型面是一个平面，可以选择的加工工序子类型有很多，本任务选择一种常用的曲面精加工工序——区域轮廓铣工序进行加工。

由于内分型面较为复杂，是一个环状的区域，因而可以采用径向切削的区域轮廓铣工序进行精加工。

顶部成型面是侧面精加工时未加工的区域，选择区域铣削加工方法，并且限定范围加工非陡峭的区域。

【知识链接　区域铣削驱动固定轮廓铣】

5.4.1　固定轮廓铣

固定轮廓铣是 UG NX 软件中用于曲面精加工的主要加工方式，其刀轨是由投影驱动点到零件表面而产生。

固定轮廓铣的主要控制要素为驱动图形，系统在图形及边界上建立一系列的驱动点，并将点沿着指定向量的方向投影至零件表面，产生刀轨。

固定轮廓铣通常用于半精加工或者精加工程序，选择不同的驱动方法，并设置不同的驱动参数，将可以获得不同的刀轨形式。

创建固定轮廓铣工序时与型腔铣工序的最大差别在于要选择驱动方法，根据不同的驱动方法选择驱动几何体，设置驱动方法参数。

5.4.2　区域铣削驱动

区域铣削驱动固定轮廓铣是最常用的一种精加工工序方式，创建的刀轨可靠性好。通过选择不同的切削方式与驱动设置，区域铣削可以适应绝大部分的曲面精加工要求。

在创建工序时，可以直接选择工序子类型为"区域轮廓铣（CONTOUR _ AREA）⬣"，打开"区域轮廓铣"工序对话框，默认选择的驱动方法为"区域铣削"，如图 5-60 所示。

区域铣削驱动中，允许指定切削区域只在指定的面上生成刀轨，也可以指定修剪边界几何体以进一步约束切削区域。修剪边界总是封闭的，并且刀具位置始终为"上"，可以进行偏置。

在固定轮廓铣的工序对话框中，选择驱动方法为"区域铣削"，或者在区域轮廓铣对话框中单击"编辑"按钮 ⚒，弹出图 5-61 所示的"区域铣削驱动方法"对话框，进行驱动设置，设置的驱动参数将影响最终刀轨的加工质量与加工效率。

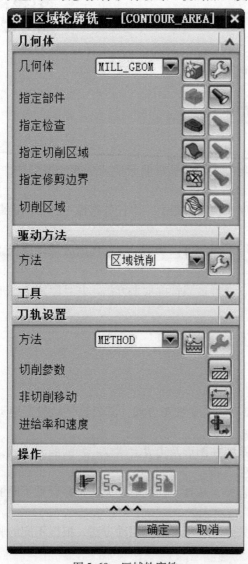

图 5-60　区域轮廓铣

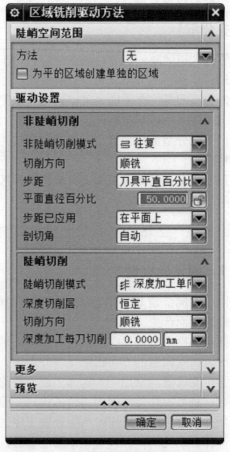

图 5-61　"区域铣削驱动方法"对话框

1. 陡峭空间范围

功能：陡峭空间范围参数组可以指定陡角，将切削区域分隔为陡峭区域与非陡峭区域，加工时可以只对其中某个区域进行加工，也可以将两者采用不同的切削模式进行加工。

设置：在陡峭空间范围中共有 4 种方法，分别叙述如下。

（1）无　切削整个区域。若不使用陡峭约束，则加工整个工件表面，如图 5-62 所示。

（2）非陡峭　切削平缓的区域，而不切削陡峭区域，如图 5-63 所示。通常可作为等高轮廓铣的补充。

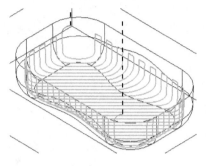 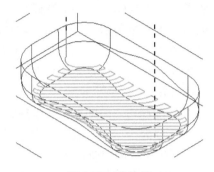

图 5-62　无　　　　　　　　　　　　　　图 5-63　非陡峭

（3）定向陡峭　切削大于指定陡角的区域。定向切削陡峭区域与切削角有关，切削方向由路径模式方向绕 *ZC* 轴旋转 90°确定。定向陡峭区域陡峭边的切削区域是与走刀方向有关的，当使用平行切削时，当切削角度方向与侧壁平行时就不作为陡壁处理，如图 5-64 所示为切削角指定为 90°的定向陡峭切削区域。

（4）陡峭和非陡峭　将陡峭区域与非陡峭区域按下方驱动设置中设置的切削模式分别进行加工，如图 5-65 所示为非陡峭切削模式为"径向往复"，而陡峭切削模式为"深度加工往复"。

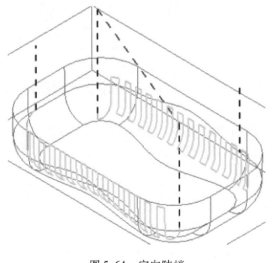 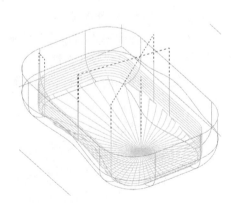

图 5-64　定向陡峭　　　　　　　　　　　图 5-65　陡峭和非陡峭

应用：陡峭区域通常可以使用等高轮廓铣方式进行精加工，而区域铣削可以作为等高轮廓铣的补充。

驱动设置分为非陡峭切削与陡峭切削，可以设置不同的切削模式。

2. 非陡峭切削模式

功能：非陡峭切削模式限定了走刀路径的图样与切削方向，与平面铣中的切削模式有点类似。与平面铣切削模式不同的是固定轮廓铣中所有的切削刀路是投影到曲面上，而不一定在一个平面上。

设置：如图 5-66 所示为非陡峭切削模式选项，可以选择的切削模式有 16 种之多，除了在平面铣中介绍过的几种模式以外，另外还增加了同心与径向的两种模式，每一模式又有单向、往复、往复上升、单向轮廓、单向步进等进给方向。

（1）跟随周边 跟随周边产生环绕切削的刀轨，需要指定加工方向——向内或者向外。图 5-67 所示为跟随周边模式下生成的刀轨示例。

（2）轮廓 轮廓加工是沿着切削区域的周边生成轨迹的一种切削模式。可以用附加轨迹选项使刀具逐渐逼近切削边界。图 5-68 所示为轮廓加工模式下生成的刀轨示例。

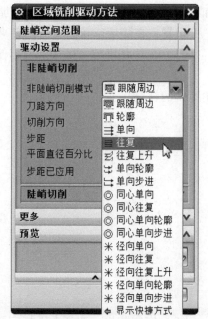

图 5-66 切削模式

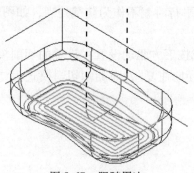

图 5-67 跟随周边

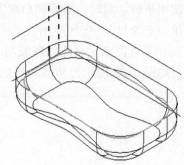

图 5-68 轮廓

（3）单向 该切削模式创建单向的平行刀轨，如图 5-69 所示。选择此切削模式，切削时能始终维持一致的顺铣或者逆铣。

（4）往复 创建双向的平行切削刀轨，刀轨示例如图 5-70 所示。

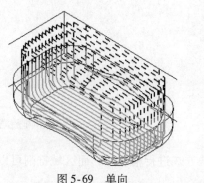

图 5-69 单向

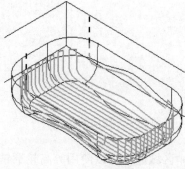

图 5-70 往复

（5）往复上升 与往复类似，但在行间转换时向上提升以保持连续的进给运动。

（6）单向轮廓　相对于单向切削，进刀时及退刀时将沿着轮廓到前一行的起点或终点，刀轨如图 5-71 所示。

（7）单向步进　用于创建单向的、在进刀侧沿着轮廓而在退刀侧直接抬刀的刀轨，如图 5-72 所示。

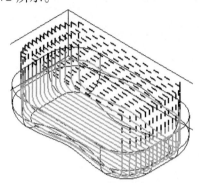

图 5-71　单向轮廓

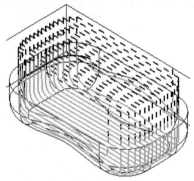

图 5-72　单向步进

（8）同心　同心切削模式下，从用户指定的或系统计算出来的优化中心点生成逐渐增大或逐渐缩小的圆周切削模式，并且切削类型也可以分为单向、往复、单向轮廓与单向步进方式。图 5-73 所示为"同心单向"模式下的刀轨示例。

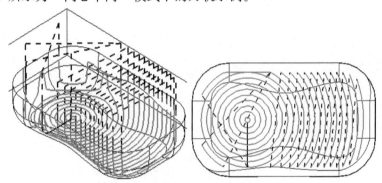

图 5-73　"同心单向"模式下生成的刀轨

（9）径向　径向模式下生成的放射状刀轨，由一个用户指定的或者系统计算出来的优化中心点向外放射扩展而成，同样也分为单向、往复、往复上升、单向轮廓与单向步进方式。图 5-74 所示为"径向往复"模式下生成的刀轨示例。在径向模式下，步距长度是沿着离中心最远的边界点上的弧长进行测量的。另外，在步进选项中，可以指定角度进给，这是径向切削模式独有的参数。

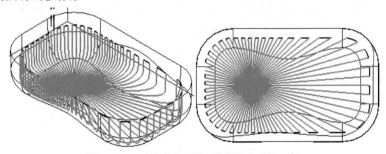

图 5-74　"径向往复"模式下生成的刀轨

3. 阵列中心

功能：阵列中心用于径向与同心模式中，指定环绕或者放射的中心点。

设置：阵列中心使用"自动"，系统将自动确定最有效的位置作为路径中心点。当选择"指定"时，则可以在图形上选择点，或者使用点构造器指定一点为路径中心点。图 5-75 所示为不同阵列中心产生的径向切削刀轨示例。

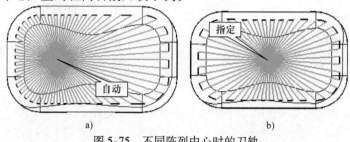

图 5-75　不同阵列中心时的刀轨

a）自动选取中心点　b）指定中心点

4. 刀路方向

功能：指定由内"向外"或者由外"向内"产生刀轨。只在跟随周边、同心圆、径向模式下才激活。图 5-76 所示为不同刀路方向的刀轨示例。

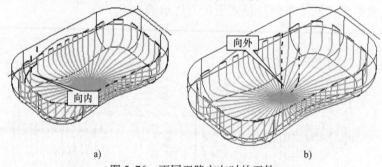

图 5-76　不同刀路方向时的刀轨

a）由外向内　b）由内向外

5. 切削角

功能：切削角用于设置平行线切削路径模式中刀轨的角度。

设置：切削角包括自动、最长的线与用户定义三个选项。当选择用户自定义时，可以在下方的角度文本框中输入角度值。图 5-77 所示为指定不同角度时生成的刀轨。

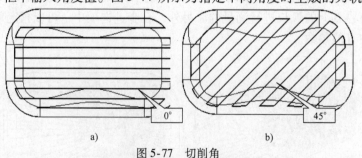

图 5-77　切削角

a）0°下生成的刀轨　b）45°下生成的刀轨

6. 步距

功能：步距用于指定相邻两条刀轨的横向距离，即切削宽度。

设置：步距设定可以选择恒定、残余高度、刀具平面直径的百分比、可变、变量平均值、角度等，与平面铣中对应的方式相同。

角度参数仅用于径向切削模式，是通过指定一个角度来定义两行刀轨间的夹角，如图 5-78 所示。它不考虑在径向线外端的实际距离。

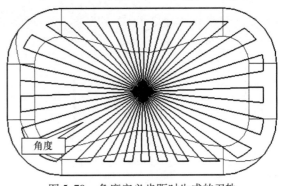

7. 步距已应用

设置：可以选择"在平面上"或"在部件上"来应用步距。

图 5-78　角度定义步距时生成的刀轨

（1）在平面上　步距是在垂直于刀具轴线的平面上即水平面内测量的 2D 步距，产生的刀轨如图 5-79 所示。"在平面上"适用于坡度改变不大的零件加工。

（2）在部件上　步距是沿着部件测量的 3D 步距，如图 5-80 所示。可以对部件几何体较陡峭的部分维持更紧密的步距，以实现整个切削区域的切削余量相对均匀。

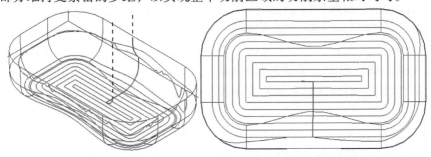

图 5-79　步距已应用-在平面上

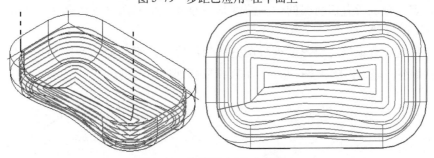

图 5-80　步距已应用-在部件上

应用：切削模式为轮廓、同心圆或者径向时，步距只能应用在平面上。

当步进设置采用"可变"方式时，步距也只能应用在平面上。

8. 陡峭切削模式

功能：陡峭空间范围中定义类型为陡峭和非陡峭时，对于陡峭区域的切削将由陡峭切削的设置进行定义。

设置：陡峭切削模式包括有 3 种。

（1）深度加工单向　创建单向的等高层切的刀轨，如图 5-81 所示。深度加工单向切削模式需要设置切削方向为顺铣或逆铣。

（2）深度加工往复 创建双向的往复加工的等高层切的刀轨，在一层的终点直接转入下一层的切削，如图 5-82 所示。

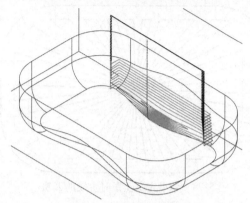
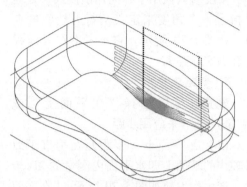

图 5-81 深度加工单向 　　　　　　　　图 5-82 深度加工往复

（3）深度加工往复上升 与深度加工往复相比，在每一层的末端要先做一个退刀动作，再进刀进入下一层的切削，如图 5-83 所示。

应用：在区域铣削中针对陡峭区域进行深度加工是 UG NX10 的新功能，可以实现在一个工序内同时对陡峭区域与非陡峭区域进行精加工。对于封闭的轮廓加工，应该优先考虑使用深度轮廓加工工序。

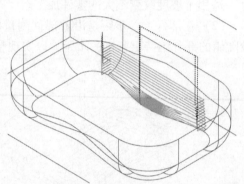

9. 深度切削层

图 5-83 深度加工往复上升

设置：深度切削层的选项有 2 个。

（1）恒定 指定所有切削层的切削深度是一致的，按照深度加工每刀切削深度所指定值，不考虑陡峭程度。

（2）最优化 会根据陡峭程度进行调整切削深度，使不同陡峭程序的切削区域在加工后的残余量基本一致，如图 5-84 所示为不同深度切削层的示例。

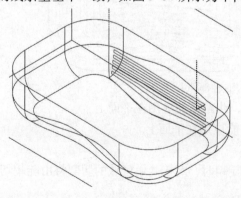

a)　　　　　　　　　　　　　　　　b)

图 5-84 深度切削层
a）恒定　b）最优化

10. 切削区域

在区域轮廓铣的几何体组中,有切削区域这个选项,与指定切削区域的功能有所不同,切削区域是将已指定的切削区域进行分区列表显示,并可以指定陡峭空间范围来划分切削区域。单击"切削区域"按钮将打开"切削区域"对话框,如图 5-85 所示,指定陡峭空间范围后,单击"创建区域列表"按钮,将在列表中显示划分的区域,同时在图形显示切削区域,如图 5-86 所示。

图 5-85　"切削区域"对话框

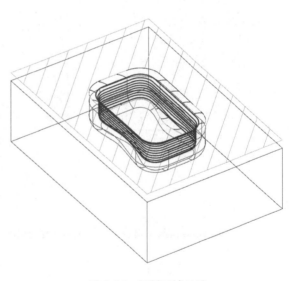

图 5-86　切削区域显示

应用:显示切削区域后,可以将一些很小的切削区域合并到相邻的切削区域中,另外对于需要使用不同刀具进行加工的区域,可以直接选择删除。

【任务实施】

1. 创建外分型面的区域轮廓铣工序

◆ **步骤 37**　创建工序

单击工具条上的"创建"按钮 ,打开"创建工序"对话框,如图 5-87 所示,选择工

序子类型为区域轮廓铣 ，再选择刀具为 "T3 – D25R5"，并设置其他位置参数组，确认后单击 "确定" 按钮，打开 "区域轮廓铣" 工序对话框，如图 5-88 所示。

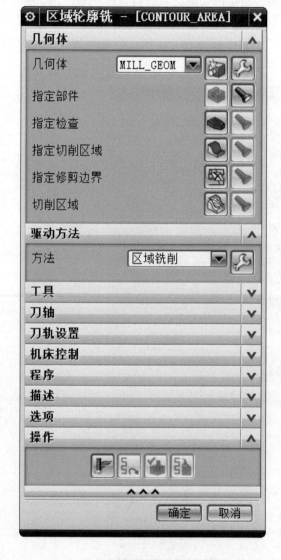

图 5-87 创建工序   图 5-88 "区域轮廓铣" 对话框

◆ 步骤 38 指定切削区域

在 "区域轮廓铣" 对话框中单击 "指定切削区域" 按钮，系统打开切削区域几何体对话框，拾取外分型面，如图 5-89 所示。单击鼠标中键确定，返回 "区域轮廓铣" 对话框。

◆ 步骤 39 设置驱动参数

在 "区域轮廓铣" 对话框中，驱动方法已选择为 "区域铣削"，单击 "编辑参数" 按钮，系统弹出 "区域铣削驱动方法" 对话框，如图 5-90 所示。设置陡峭空间范围为 "无"，

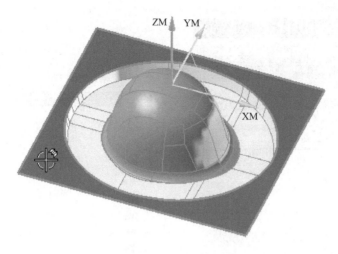

图 5-89　指定切削区域

对整个零件进行加工。选择非陡峭切削模式为"往复"，设置步距为"刀具平直百分比"，平面直径百分比设置为"50"，步距已应用设置为"在平面上"。完成后单击确定按钮返回"区域轮廓铣"对话框。

◆ 步骤 40　设置非切削参数

在"区域轮廓铣"对话框中单击"非切削移动"按钮🖃，弹出"非切削移动"对话框。

设置进刀参数，选择进刀类型为"插削"，进刀位置为"距离"，高度为"2mm"，如图 5-91 所示。

单击"确定"按钮完成非切削参数的设置，返回"区域轮廓铣"对话框。

◆ 步骤 41　设置进给率和速度

单击"进给率和速度"按钮🖫，弹出"进给率和速度"对话框，设置主轴速度为"3000"，切削进给率为"1200"，如图 5-92 所示。单击鼠标中键返回"区域轮廓铣"对话框。

图 5-90　"区域铣削驱动方法"对话框

◆ 步骤 42　生成刀轨

在"区域轮廓铣"对话框中单击"生成"按钮🖋，计算生成刀轨。产生的刀轨如图 5-93所示。

◆ 步骤 43　确定工序

确认刀轨后，单击"区域轮廓铣"对话框底部的"确定"按钮，接受刀轨并关闭工序对话框。

图 5-91 进刀

图 5-92 进给率和速度

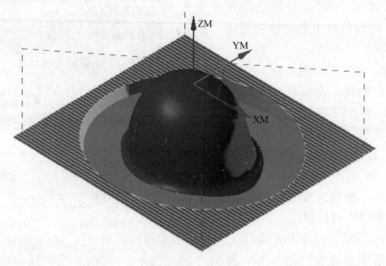

图 5-93 生成刀轨

2. 创建顶部缓坡面的区域轮廓铣工序

◆ 步骤 44 创建工序

单击工具条上的"创建工序"按钮，打开"创建工序"对话框，选择工序子类型为"区域轮廓铣"，再选择刀具为"T5-B16R8"，并设置其他位置参数，如图 5-94 所示。单击"确定"按钮打开"区域轮廓铣"工序对话框，如图 5-95 所示。

◆ 步骤 45 指定切削区域

在"区域轮廓铣"对话框单击"指定切削区域"按钮，系统打开"切削区域几何体"对话框，在图形区拾取凸模的成形部分曲面，如图 5-96 所示。单击鼠标中键确定完成切削区域选择，返回"区域轮廓铣"对话框。

图 5-94　创建工序

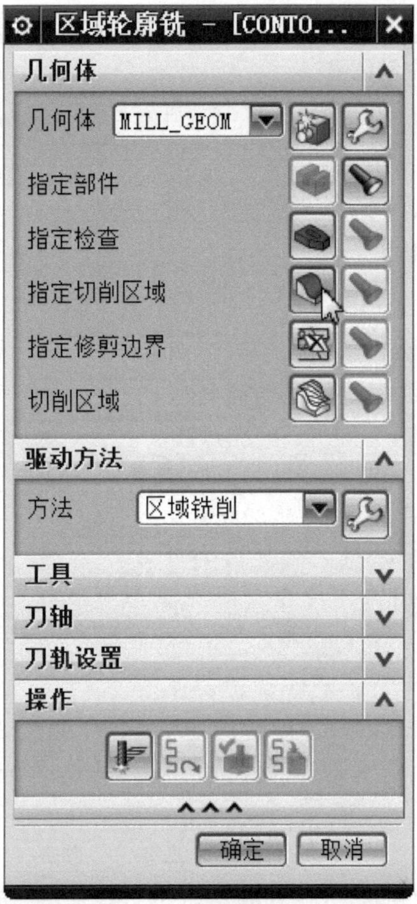

图 5-95　"区域轮廓铣"对话框

◆ **步骤 46**　设置驱动参数

在"区域轮廓铣"对话框中，驱动方法已选择为"区域铣削"，单击"编辑参数"按钮 ，系统弹出"区域铣削驱动方法"对话框，如图 5-97 所示进行参数设置，设置陡峭空间范围方法为"非陡峭"，陡角为"45"，选择非陡峭切削模式为"跟随周边"，设置步距为"残余高度"，最大残余高度值为"0.003"，步距已应用"在部件上"。完成后单击"确定"按钮返回工序对话框。

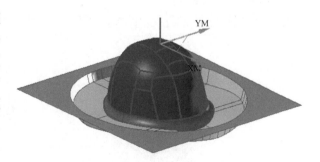

图 5-96　指定切削区域

◆ **步骤 47**　设置进给率和速度

单击"进给率和速度"按钮 ，弹出"进给率和速度"对话框，设置主轴速度为"3000"，切削进给率为"1000"，如图 5-98 所示。单击鼠标中键返回工序对话框。

图 5-97 "区域铣削驱动方法"对话框

图 5-98 进给率和速度

◆ 步骤 48 生成刀轨

在"区域轮廓铣"对话框中单击"生成"按钮 计算生成路轨，产生的刀轨如图 5-99 所示。

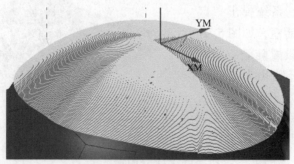

图 5-99 生成刀轨

◆ 步骤 49 确定工序

确认刀轨后，单击"区域轮廓铣"对话框底部的"确定"按钮，接受刀轨并关闭工序对话框。

3. 创建内分型面的区域轮廓铣工序

◆ 步骤 50 创建工序

单击工具条上的"创建"按钮 ，打开"创建工序"对话框，选择工序子类型为"区域轮廓铣" ，如图 5-100 所示，确认各选项后单击"确定"按钮打开"区域轮廓铣"对话框。

◆ 步骤 51 指定切削区域

在"区域轮廓铣"对话框单击"指定切削区域"按钮 ，系统打开"切削区域几何体"对话框，拾取分型面及圆角面，如图 5-101 所示。单击鼠标中键确定，返回"区域轮廓铣"对话框。

◆ 步骤 52 设置驱动参数

在"区域轮廓铣"对话框中，驱动方法选择为"区域铣削"，单击"编辑参数"按钮 ，系统弹出"区域铣削驱动方法"对话框，如图 5-102 所示进行参数设置。设置陡峭空间范围方法为"无"，对整个零件进行加工；选择非陡峭切削模式为"径向往复"，设置步距为"恒定"的，最大距离为"0.3"。

◆ 步骤 53 指定阵列中心

将阵列中心的设置为"指定"，单击指定点选项，在图形上选择 MCS 坐标系的原点，如图 5-103 所示。

◆ 步骤 54 预览驱动路径

在"区域铣削驱动方法"对话框的预览参数组下，单击"显示"按钮，在图形上显示驱动路径，如图 5-104 所示。

确定返回工序对话框。

图 5-100 创建工序

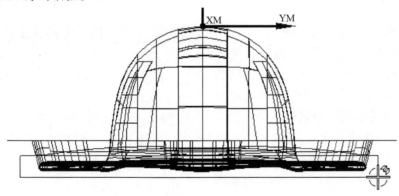

图 5-101 选择切削区域

◆ 步骤 55 设置非切削参数

在"区域轮廓铣"对话框中单击"非切削移动"按钮 ，弹出"非切削移动"对话框。

设置进刀参数，选择进刀类型为"插削"，进刀位置为"距离"，高度为"2"mm，如图 5-105 所示。

单击"确定"按钮完成非切削参数的设置，返回"区域轮廓铣"对话框。

图 5-102　区域铣削驱动方法

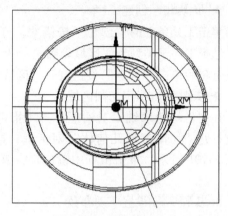

图 5-103　指定阵列中心

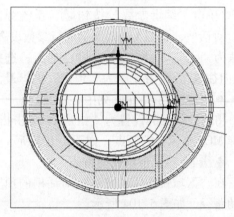

图 5-104　预览驱动路径

◆ 步骤 56　设置进给率和速度

单击"进给率和速度"按钮，弹出"进给率和速度"对话框，设置主轴速度为"3000"，切削进给率为"1000"。单击鼠标中键返回"区域轮廓铣"对话框。

◆ 步骤 57　生成刀轨

在"区域轮廓铣"对话框中单击"生成"按钮计算生成刀轨，产生的刀轨如图 5-106 所示。

◆ 步骤 58　确定工序

确认刀轨后，单击"区域轮廓铣"对话框底部的"确定"按钮，接受刀轨并关闭工序对话框。

◆ 步骤 59　可视化检验

显示工序导航器，选择所有工序再进行

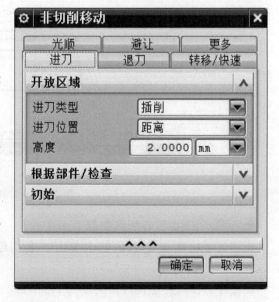

图 5-105　设置进刀

确认，对刀轨进行可视化检验。图 5-107 所示为 2D 动态检验结果。

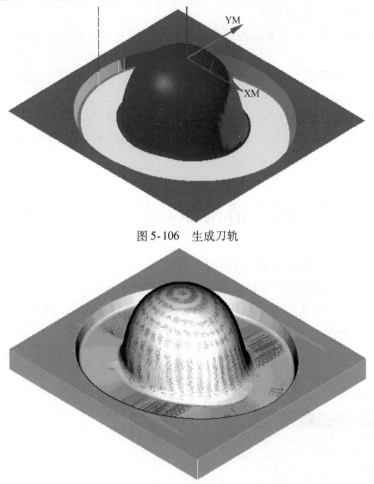

图 5-106 生成刀轨

图 5-107 2D 动态检验结果

◆ 步骤 60 保存文件

单击工具栏上的"保存"按钮🖫，保存文件。

【任务总结】

本任务创建了外分型面、顶部缓坡面、内分型面加工的 3 个区域轮廓铣工序。在完成本任务过程中，需要注意以下几点：

1）平面通常可以单独进行精加工，因为平面精加工时可以采用相对较大的步距。

2）外分型面加工中，指定切削区域，使其仅加工这个平面。

3）外分型面加工中，在非切削移动设置中，设置进刀为"插削"，沿垂直方向下刀。

4）缓坡面采用区域轮廓方式比深度加工方式有更好的效果，残余量较为均匀。

5）顶部缓坡面加工中，需要指定切削区域，否则将在外分型面及内分型面上生成刀轨。

6）顶部缓坡面加工中，设置非陡峭空间范围的方法为"非陡峭"，只加工浅面区域。

7）顶部缓坡面加工中，陡角为"45"，在侧面精加工时陡角为"44"，有一定的重叠量，保证加工不留残余，接刀自然。

8）顶部缓坡面加工中，设置步距应用在部件上，生成的刀轨余量相比应用在平面上要更为均匀。

9）内分型面轮廓区域工序中，需要指定切削区域，只在内分型面部分区域生成刀轨，指定切削区域时要将圆角面选上。

10）对于环形的区域，采用径向的切削模式进行加工更加有效率。

11）对于"径向"或者"同心圆"方式的区域铣削驱动，通常需要通过预览驱动路径来确定阵列中心位置是否正确。

拓展知识　清根驱动的固定轮廓铣

清根切削沿着零件面的凹角和凹谷生成驱动路径。清根加工常用来在前面加工中使用了较大直径的刀具而在凹角处留下残料的半精加工与精加工。

在"固定轮廓铣"的工序对话框中选择驱动方法为"清根"，打开"清根驱动方法"对话框，在"驱动设置"中，可以选择清根类型，如图 5-108 所示，可以选择以下 3 种方式：

1. 单刀路

沿着凹角与沟槽产生一条单一刀路轨迹，如图 5-109 所示。

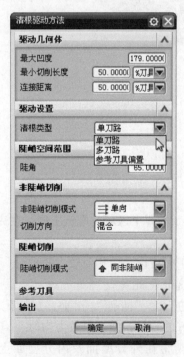

图 5-108　清根驱动方法

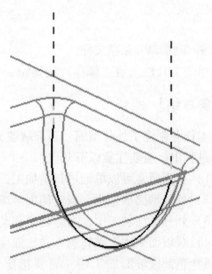

图 5-109　"单刀路"示例

2. 多刀路

指定每侧步距数与步距，在清根中心的两侧产生多条切削轨迹。多刀路的驱动设置选项如图 5-110 所示，需要设置步距、每侧步距数与顺序。生成的刀路轨迹如图 5-111 所示。

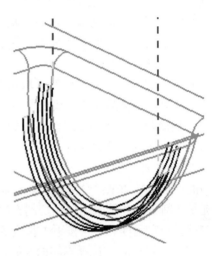

图 5-110　"多刀路"设置　　　　图 5-111　"多刀路"示例

3. 参考刀具偏置

参考刀具驱动方法通过指定一个参考刀具直径来定义加工区域的总宽度，并且指定该加工区域中的步距，在以凹槽为中心的任意两边产生多条切削轨迹。可以通过设置"重叠距离"参数，沿着相切曲面扩展由参考刀具直径定义的区域宽度。选择参考刀具偏置后的驱动设置选项如图 5-112 所示，生成的刀路如图 5-113 所示。

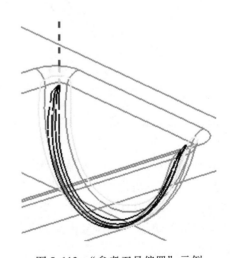

图 5-112　"参考刀具偏置"设置　　　　图 5-113　"参考刀具偏置"示例

在创建工序时，可以在工序子类型中选择 来创建"单刀路"、"多刀路"、"参考刀具偏置"的清根加工工序。

在"清根驱动方法"对话框中，需要设置的驱动参数包括以下几项：

1. 驱动几何体

功能：驱动几何体通过参数设置的方法来限定切削范围。

设置：驱动几何体包括最大凹腔、最小切削长度与连接距离三个选项设置。

（1）最大凹腔 决定清根切削刀轨生成所基于的凹角。刀轨只有在那些等于或者小于最大凹角的区域生成。当刀具遇到那些在零件面上超过了指定最大值的区域，刀具将回退或转移到其他区域。

（2）最小切削长度 当切削区域小于所设置的最小切削长度，那么在该处将不生成刀轨。这个选项在排除圆角的交线处产生的非常短的切削移动是非常有效的。

（3）连接距离 将小于连接距离的断开的两个部分进行连接，两个端点的连接是通过线性的扩展两条轨迹得到的。

2. 陡峭空间范围

功能：指定陡角来区分陡峭区域与非陡峭区域，加工区域将根据其倾斜的角度来确定采用非陡峭切削方法还是采用陡峭切削方法。

应用：指定角度后，再按下方指定的切削方法来确定是否生成刀路，如图5-114所示为指定角度为"45"时，选择不同的空间范围选项生成的刀轨示例。

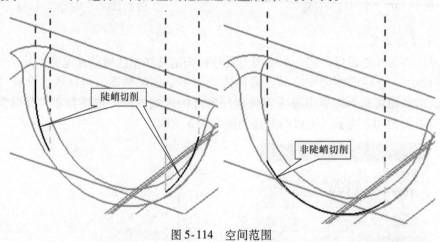

图5-114 空间范围

3. 非陡峭切削

设置：选择"多刀路"或者"参考刀具偏置"时，将需要设置驱动参数，包括切削模式、步距与顺序。

（1）非陡峭切削模式 可以选择"无"，不加工非陡峭区域。清根类型为"单刀路"时，只能选择"单向"；清根类型为"多刀路"时，可以选择"单向"、"往复"、"往复上升"；清根类型为"参考刀具偏置"时，除了可以选择"单向"、"往复"、"往复上升"；还可以选择"单向横向切削"、"往复横向切削"、"往复上升横向切削"。选择的切削模式决定加工时的进给方式。

（2）切削方向 可以选择"混合"进行双向的加工，也可以指定为"顺铣"或"逆铣"。

（3）步距与每侧步距数 步距指定相邻的轨迹之间的距离。可以直接指定距离，也可以使用刀具直径的百分比来指定。每侧步距数在清根类型为"多刀路"时设定偏置的数目。

（4）顺序　决定切削轨迹被执行的次序。顺序有以下 6 个选项，不同顺序选项生成的刀轨如图 5-115 所示：

1）☰由内向外：刀具由清根刀轨的中心开始，沿凹槽切第一刀，步距向外侧移动，然后刀具在两侧间交替向外切削。

2）☰由外向内：刀具由清根切削刀轨的侧边缘开始切削，步距向中心移动，然后刀具在两侧间交替向内切削。

3）☰后陡：是一种单向切削，刀具由清根切削刀轨的非陡壁一侧移向陡壁一侧，刀具穿过中心。

4）☰先陡：是一种单向切削，刀具由清根切削刀轨的陡壁一侧移向非陡壁一侧处。

5）☰由内向外交替：刀具由清根切削刀轨的中心开始，沿凹槽切第一刀，再向两边切削，并交叉选择陡峭方向与非陡峭方向。

6）☰由外向内交替：刀具由清根切削刀轨的一侧边缘开始切削，再切削另一侧，类似于环绕切削方式切向中心。

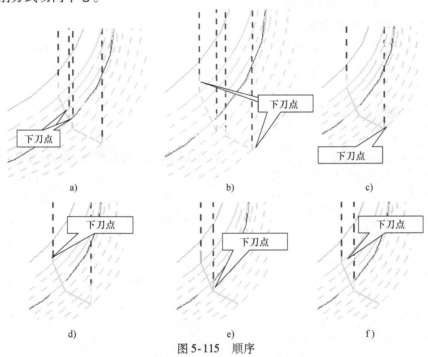

图 5-115　顺序

a）由内向外　b）由外向内　c）后陡　d）先陡　e）由内向外交替　f）由外向内交替

4. 陡峭切削

设置： 指定陡峭区域的切削模式与选项，它与非陡峭切削的选项基本相似。在陡峭切削模式设置中可以选择"无"，不加工陡峭区域；选择"同非陡峭"，采用与非陡峭区域相同的切削模式；或者指定单独的切削模式。

陡峭切削方向，可以选择"混合"或者"高到低"只向下，"低到高"只向上。如图 5-116 所示为选择"高到低"的刀轨示例。

5. 参考刀具

功能：指定参考刀具的大小，并且可以指定一个重叠距离。

（1）参考刀具直径　通过选择一个参考刀具（先前加工的刀具），以刀具与零件产生双切点而形成的接触线来定义加工区域。所选择的刀具直径必须大于当前使用的刀具直径。

（2）重叠距离　扩展通过参考刀具直径沿着相切面所定义的加工区域的宽度。

下面以本项目中的内分型面外侧圆角部分为例来说明清根驱动的固定轮廓铣工序创建。

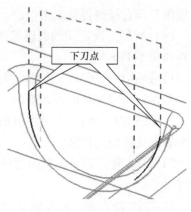

图 5-116　陡峭切削：高到低

◆ 步骤61　创建工序

单击创建工具条上的"创建工序"按钮 ，打开"创建工序"对话框。选择工序子类型为"清根参考刀具" ，指定刀具为"T4－B8"，单击"确定"按钮打开"清根参考刀具"工序对话框，如图5-117所示。

◆ 步骤62　指定修剪边界

在对话框上单击"指定修剪边界"按钮 ，系统打开"修剪边界"对话框，边界的选择方法"曲线" ，指定修剪侧为"内部"，如图5-118所示。拾取圆为修剪边界，如图5-119所示。

图 5-117　工序对话框

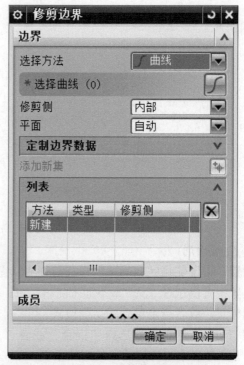

图 5-118　修剪边界

◆ **步骤 63** 驱动设置与刀轨设置

驱动方法选择为"清根",单击"编辑参数"按钮 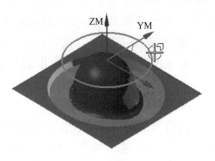，系统弹出"清根驱动方法"对话框，如图 5-120 所示，设置清根类型为"参考刀具偏置"；陡峭空间范围的陡角为"65"；非陡峭切削模式为"往复"，切削方向为"混合"，步距为"0.3"，顺序为"由外向内交替"；陡峭切削模式为"同非陡峭"；选择参考刀具为"T5 – B16R8"，重叠距离为"0.2"。单击"确定"按钮完成驱动方法设置，返回"清根参考刀具"工序对话框。

图 5-119　指定修剪边界

图 5-120　"清根驱动方法"对话框

◆ **步骤 64** 设置非切削移动

在工序对话框中单击"非切削移动"按钮 ，弹出"非切削移动"对话框。设置进刀类型为"插铣"，高度为"2"。单击"确定"完成非切削移动参数的设置，返回"清根参考刀具"工序对话框。

◆ **步骤 65** 设置进给率和速度

单击"进给率和速度"的按钮 ，弹出"进给率和速度"对话框，设置主轴速度为

"4000"，切削进给率为"1000"。单击鼠标中键返回"清根参考刀具"工序对话框。

◆ 步骤66 生成刀轨

在工序对话框中单击"生成"按钮 计算生成刀轨，产生的刀轨如图5-121所示。

◆ 步骤67 确定工序

进行刀轨的检视，确认刀轨后单击工序对话框底部的"确定"按钮，接受刀轨并关闭工序对话框。

◆ 步骤68 保存文件

单击工具栏上的保存按钮，保存文件。

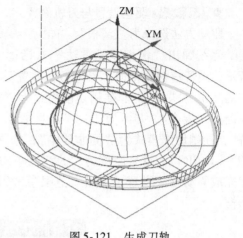

图 5-121　生成刀轨

练习与评价

【回顾总结】

本项目完成一个头盔凸模的数控加工程序编制，通过 4 个任务掌握 UG NX 软件编程中应用于曲面精加工的深度轮廓加工工序与区域轮廓铣工序创建的相关知识与技能。图 5-122 所示为本项目总结的思维导图，左侧为知识点与技能点，右侧为项目实施的任务及关键点。

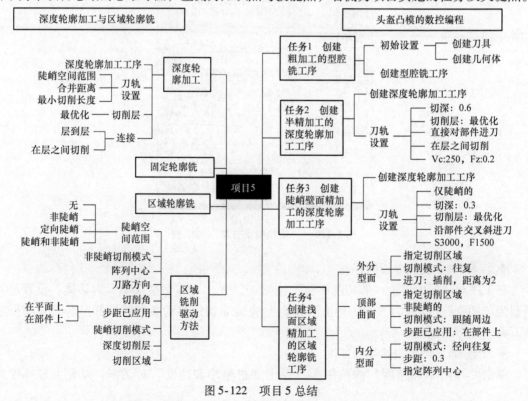

图 5-122　项目 5 总结

【思考练习】

1. 深度轮廓加工工序有何特点？如何应用？

2. 深度轮廓加工工序如何设置层之间的不抬刀连接？

3. 陡峭空间范围在深度轮廓加工工序与区域轮廓铣工序分别如何定义？

4. 固定轮廓铣工序与型腔铣工序有何区别？

5. 区域轮廓铣的切削模式有哪几种？

6. 步距已应用"在平面上"与步距已应用"在部件上"有何差别？

扫描二维码进行测试，完成 20 个选择判断题。

【自测项目】

完成图 5-123 所示工件（E5. PRT）的数控编程。

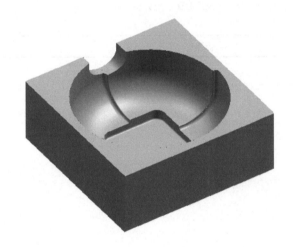

图 5-123   自测项目 5

具体工作任务包括：

1. 创建几何体与刀具。

2. 创建粗加工工序。

3. 创建半精加工工序

4. 创建陡面精加工工序。

5. 创建浅面精加工工序。

6. 创建 U 形槽加工工序。

7. 后置处理生成数控加工程序文件。

【学习评价】

序号	评价内容	达成情况		
		优秀	合格	不合格
1	扫码完成基础知识测验题，测验成绩			
2	能正确设置深度轮廓加工工序的切削层			
3	能正确设置深度轮廓加工工序的连接选项			
4	能正确设置陡峭空间范围选项			
5	能正确指定区域轮廓铣的切削区域			
6	能正确设置区域轮廓铣的驱动参数			
7	能够合理选择复杂零件曲面的精加工工序子类型			
8	能设置合理参数完成粗加工的型腔铣工序创建			
9	能设置合理参数完成半精加工与精加工的深度轮廓加工工序创建			
10	能设置合理参数完成外分型面、顶部曲面、内分型面的轮廓区域铣工序创建			
	综合评价			

存在的主要问题：

项目 6

卡通脸谱铣雕加工的数控编程

项目概述

本项目要求完成卡通脸谱（见图 6-1）的数控加工编程。零件材料为铜，毛坯为铸件，文件名称为 T6. prt。

图 6-1　卡通脸谱

该零件上的图案在模型设计时并不需要进行完全正确的造型，而是在实际加工中指定驱动方法后，将图案部分作为驱动几何体，在曲面上生成刀轨，将曲面设置为负余量，即可完成图案的加工。通过本项目学习，掌握 UG NX 软件编程中固定轮廓铣不同驱动方法的指定与工序的创建。

学习目标

➢ 了解固定轮廓铣的驱动方法。
➢ 能够正确设置不同驱动方法的驱动设置。
➢ 能够正确选择驱动方法中所需的驱动几何体。
➢ 能够合理选择驱动方法，创建固定轮廓铣工序。

任务 6-1　创建曲面加工的螺旋式驱动固定轮廓铣工序

【学习目标】

➢ 了解螺旋式驱动的特点与应用。

➢ 掌握螺旋式驱动方法的驱动设置。

➢ 能够正确设置参数，创建螺旋式驱动的固定轮廓铣。

【任务分析】

本任务要完成曲面的数控加工工序创建。该曲面为球面的一部分。这种曲面可以采用的驱动方法与切削模式有很多，本任务选择螺旋式驱动的固定轮廓铣进行加工。

【知识链接　螺旋式驱动】

螺旋式驱动是一个由指定的中心点向外做螺旋线（实际是渐开线）而生成驱动点的驱动方法。螺旋式驱动方法没有行间的转换，它的步距移动是光滑的，保持恒定量向外过渡。

螺旋式驱动方法一般只用于圆形零件的加工。

在创建固定轮廓铣的驱动方法选项中选择"螺旋式"，弹出图 6-2 所示的"螺旋式驱动方法"对话框，完成驱动设置后单击"确定"按钮返回工序对话框进行工序参数设置，再生成刀轨。

1. 指定点

功能：指定点用于定义螺旋的中心位置，也定义了刀具的开始切削点。

设置：指定点时可以使用点选择的各种过滤方法来进行。

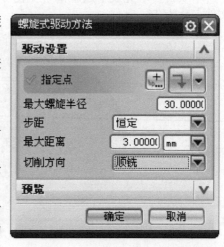

图 6-2　"螺旋式驱动方法"对话框

应用：如果没有指定螺旋中心点，系统就用绝对坐标原点作为螺旋中心点。单击"选择"将弹出点构造器对话框，定义一个点作为螺旋驱动的中心点。图 6-3 所示为指定不同螺旋中心点时生成的刀轨示例。

在一个工序中，只能有一个螺旋中心点，后指定的点将替代前面指定的点。

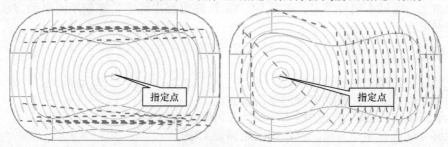

图 6-3　螺旋中心点

2. 最大螺旋半径

功能：最大螺旋半径用于限制加工区域的范围，螺旋半径在垂直于投影矢量的平面内进行测量。

应用：设置最大螺旋半径后只在该范围内生成刀轨，如图 6-4 所示。如果设置的最大螺旋半径超出切削区域，则只在切削区域范围内生成刀轨，如图 6-5 所示。

螺旋式驱动方法生成的刀轨超出了切削区域且不连续时，不能设置转向，只能抬刀并转换到与零件表面接触位置，再进刀、切削。

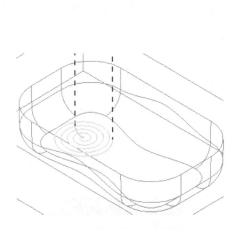

图 6-4　最大螺旋半径设置

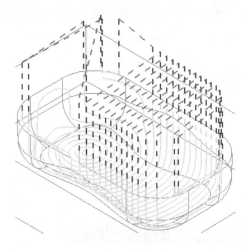

图 6-5　超大螺旋半径

3. 步距

设置：步距的设定有两种方式，可以直接指定一个"恒定"值或者是"刀径的百分比"，再输入最大距离或者百分比。

4. 切削方向

设置：切削方向与主轴旋转方向共同定义驱动螺旋的方向是顺时针还是逆时针。它包含顺铣与逆铣两个选项，如图 6-6 所示。

应用：顺铣与逆铣不仅是切削方向不同，其最后切削的区域范围也有所不同。

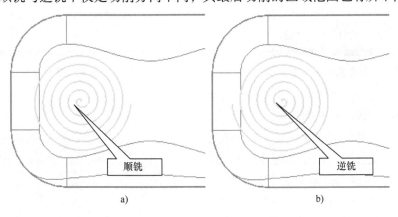

a)　　　　　　　　　　　　　　b)

图 6-6　切削方向
a）顺铣　b）逆铣

【任务实施】

创建螺旋式驱动的固定轮廓铣步骤如下：

◆ 步骤 1 打开模型文件

启动 UG NX 软件，单击"打开文件"按钮 📁，打开 T6. prt。

◆ 步骤 2 进入加工模块

在工具条上单击"应用模块"显示应用模块工具条，单击"加工"按钮，在加工环境对话框中选择 CAM 设置为"mill _ contour"，单击"确定"按钮进行加工环境的初始化设置。

◆ 步骤 3 创建坐标系几何体

单击工具栏中的"创建几何体"按钮 🗔，系统打开"创建几何体"对话框，如图 6-7 所示。选择工序子类型为"MCS" 🏷，输入名称为"MCS"，单击"确定"按钮进行坐标系几何体的建立，系统打开"MCS"对话框。

在 MCS 对话框的"安全设置"参数组下，指定安全设置选项为"平面"，如图 6-8 所示。在图形区选择圆，在图形上显示安全平面位置如图 6-9 所示，确定完成平面指定。单击"MCS"对话框的"确定"按钮，完成几何体"MCS"创建。

图 6-7 "创建几何体"对话框　　　　　　　图 6-8 MCS 设置

◆ 步骤 4 创建工件几何体

再次单击"创建"工具栏中的"创建几何体"按钮 🗔，系统打开"创建几何体"对话框，如图 6-10 所示。选择几何体子类型为"铣削"，位置几何体为"MCS"选项，再单击"确定"按钮进行铣削几何体建立。系统弹出"铣削几何体"对话框，如图 6-11 所示。

◆ 步骤 5 指定部件

在"铣削几何体"对话框中单击"指定部件"按钮 🗔，拾取实体为部件几何体，如图

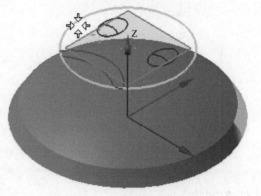

图 6-9 指定安全平面

6-12 所示。单击"确认"按钮完成部件几何体的选择，返回"铣削几何体"对话框。

◆ 步骤6 指定毛坯

在"铣削几何体"对话框上单击"指定毛坯"按钮，系统弹出"毛坯几何体"对话框，指定类型为"部件的偏置"，并指定偏置值为"0.5"，如图 6-13 所示。单击"确定"按钮完成毛坯几何图形的选择，返回"铣削几何体"对话框。单击"确定"按钮完成铣削几何体的创建。

图 6-10 "创建几何体"对话框

图 6-11 "铣削几何体"对话框

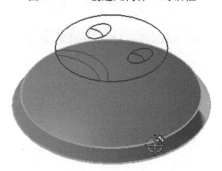

图 6-12 指定部件

图 6-13 毛坯几何体

◆ 步骤7 创建工序

单击"创建"工具条上的"创建工序"按钮打开"创建工序"对话框，如图 6-14 所示，选择工序子类型为"固定轮廓铣"，选择几何体为"MILL_GEOM"和设置其他位置参数，单击"确定"按钮，打开"固定轮廓铣"对话框，如图 6-15 所示。

◆ 步骤8 新建刀具

在"固定轮廓铣"对话框中展开"工具"参数组，单击"新建刀具"按钮，在打开的"新建刀具"对话框中指定刀具类型为球刀，名称为"B10R5"，如图 6-16 所示，单击"确定"按钮进入刀具参数设置。

设置刀具直径为"10"，如图 6-17 所示，单击"确定"按钮创建铣刀"B10R5"，返回工序对话框。

图 6-14 "创建工序"对话框

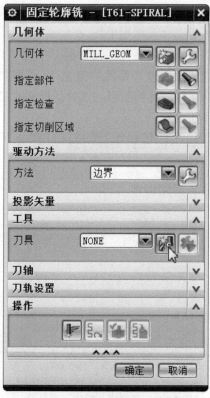

图 6-15 "固定轮廓铣"对话框

图 6-16 新建刀具

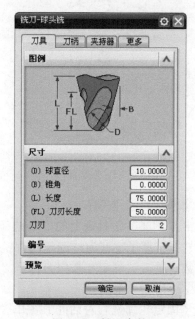

图 6-17 铣刀参数

◆ 步骤9 选择驱动方法

在"固定轮廓铣"对话框中,选择驱动方法为"螺旋式",如图6-18所示,系统出现驱动方法重置的提示信息,如图6-19所示,勾选"不要再显示此消息"选项,单击"确定"按钮改变驱动方法。

图 6-18　选择驱动方法

图 6-19　更改驱动方法

◆ **步骤 10**　设置驱动参数

在"螺旋式驱动方法"对话框设置参数，如图 6-20 所示。设置完成后单击"显示"按钮 ，在图形上预览路径，如图 6-21 所示，单击"确定"按钮返回"固定轮廓铣"对话框。

图 6-20　设置驱动参数

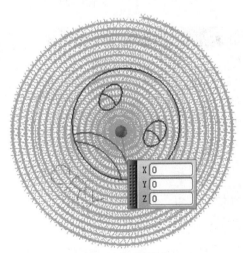

图 6-21　预览路径

◆ **步骤 11**　设置切削参数

在"固定轮廓铣"对话框中单击"切削参数"按钮，系统打开"切削参数"对话框。首先打开"策略"选项卡，如图 6-22 所示，勾选"在边上延伸"选项，指定距离为 10% 的刀具直径。完成设置后单击"确定"按钮返回"固定轮廓铣"对话框。

◆ **步骤 12**　设置非切削参数

在"固定轮廓铣"对话框中单击"非切削移动"按钮，则弹出"非切削移动"对话框，设置进刀参数，如图 6-23 所示。

打开"退刀"选项卡，设置退刀参数如图 6-24 所示，指定退刀类型为"无"，最终退刀类型为"与开放区域退刀相同"，单击"确定"按钮完成非切削参数的设置，返回"固定轮廓铣"对话框。

图 6-22 "策略"选项卡

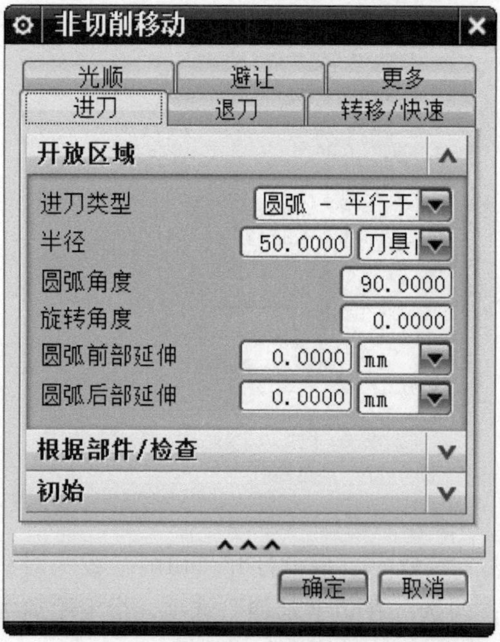

图 6-23 进刀

图 6-24 退刀

◆ 步骤 13　设置进给率和速度

单击"进给率和速度"按钮 ![]，弹出"进给率和速度"对话框，设置表面速度为"125"，每齿进给量为"0.2"，计算得到主轴速度与切削进给率，如图 6-25 所示。单击鼠标中键返回"固定轮廓铣"对话框。

◆ 步骤 14　生成刀轨

在"固定轮廓铣"对话框中单击"生成"按钮 ![]，计算生成刀轨，产生的刀轨如图 6-26 所示。

◆ 步骤 15　确定工序

对刀轨进行检验，确认刀轨后单击"固定轮廓铣"对话框底部的"确定"按钮，接受刀轨并关闭工序对话框。

图 6-25　设置进给参数

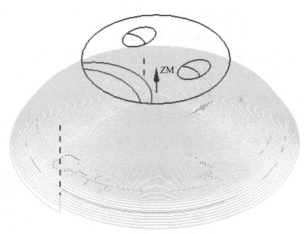

图 6-26　生成刀轨

【任务总结】

创建螺旋式驱动方法的固定轮廓铣工序以完成本任务时，需要注意以下几点：

1）需要通过显示驱动路径来确认螺旋的中心点是否正确。

2）最大半径可以设置一个相对较大的数值，超出加工区域。

3）在切削参数设置时选择打开"在边上延伸"，以保证去除底部材料。

4）若退刀类型选择"无"，则直接抬刀。

5）螺旋式驱动的固定轮廓铣在加工时不产生行间的刀轨，整个刀轨非常平顺，加工后表面质量很好。

任务6-2 创建脸部边界的径向切削驱动固定轮廓铣工序

【学习目标】

➢ 了解径向切削驱动的特点与应用。

➢ 掌握径向切削驱动方法的驱动设置。

➢ 理解条带的含义。

➢ 能够正确设置参数，创建径向切削驱动的固定轮廓铣。

【任务分析】

脸部边界呈环状，中心线为圆。在 UG NX 软件的固定轮廓铣中，可以使用径向切削驱动来创建这一工序。

【知识链接 径向切削驱动】

径向切削驱动的驱动点是一个沿着给定边界并且垂直于该边界向两侧扩展生成的直线上的点，径向切削驱动的固定轮廓铣可以创建沿一个边界向单边或双边放射的刀轨，特别适用于宽度相等的环形区域的清角加工。

在"固定轮廓铣"对话框中选择驱动方法为"径向切削"，打开"径向切削驱动方法"对话框，如图6-27所示。

1. 驱动几何体的选择

设置：单击"指定驱动几何体"按钮，弹出图6-28所示的"临时边界"对话框。创建临时边界的方法与平面铣中以"曲线/边…"方式创建边界的方法是一样的。

图6-27 "径向切削驱动方法"对话框 　　图6-28 "临时边界"对话框

应用：径向切削的驱动几何体是必须选择的，并且可以选择多个边界线作为驱动几何体。临时边界选择的方向将影响其材料侧。

2. 切削类型与切削方向

设置：切削类型可以选择"单向"或"往复"；切削方向可以选择"顺铣"或"逆铣"。

3. 条带

设置：材料侧的条带与另一侧的条带共同定义加工区域的宽度，表示刀具中心最后所到的位置。图 6-29 所示为设置不同材料侧的条带产生的刀轨。

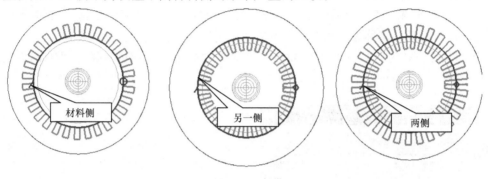

图 6-29　条带

4. 步距

设置：径向切削驱动的步距有 4 种设置方法，分别为恒定、残余波峰高度、刀具平直百分比和最大。

设置为"最大"时可定义水平进给量的最大距离。设置时，可在其下方的数值文本框输入最大距离值。这种方式用于有向外放射状的加工区域时最为合适。图 6-30 所示为设置为"恒定的"与"最大"两种方式时以同样距离产生的刀轨对比。

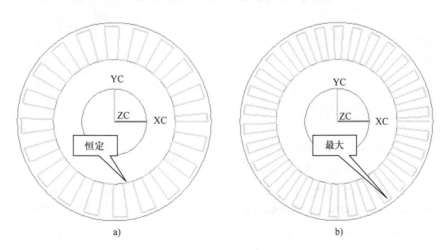

图 6-30　步距

a）恒定步距　b）最大步距

5. 刀轨方向

设置：刀轨方向可以选择"跟随边界"，沿边界进行横向进给，选择"边界反向"则与

220 沿边界相反方向进行横向进给。

【任务实施】

◆ 步骤 16　创建工序

单击"创建"工具条上的"创建工序"按钮 📝 打开"创建工序"对话框，如图 6-31 所示，选择几何体为"MILL_GEOM"，设置其他位置参数，单击"确定"按钮，打开"固定轮廓铣"对话框。

◆ 步骤 17　新建刀具

在"固定轮廓铣"工序对话框中，展开工具组参数，单击"新建刀具"按钮 🔧，指定刀具类型为"球刀"，名称为"B2R1"，单击"确定"按钮进入刀具参数设置。

设置刀具球直径为"2"，如图 6-32 所示，单击"确定"按钮创建铣刀"B2R1"，返回"固定轮廓铣"对话框。

图 6-31　"创建工序"对话框

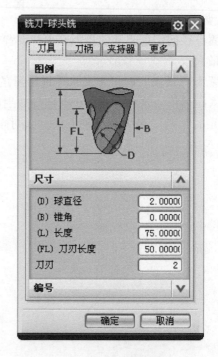

图 6-32　铣刀参数

◆ 步骤 18　选择驱动方法

在"固定轮廓铣"对话框中，选择驱动方法为"径向切削"，系统打开"径向切削驱动方法"对话框，如图 6-33 所示。

◆ 步骤 19　指定驱动几何体

在"径向切削驱动方法"对话框中,单击"指定驱动几何体"按钮 ,系统打开"临时边界"对话框,如图 6-34 所示。

图 6-33 "径向切削驱动方法"对话框

图 6-34 "临时边界"对话框

在图形上选取圆,如图 6-35 所示,单击鼠标中键退出。

◆ **步骤 20** 设置驱动参数

在"径向切削驱动方法"对话框中,设置步距指定方式为"最大值",距离为"0.2",材料侧的条带与另一侧的条带均为"2",如图 6-36 所示。

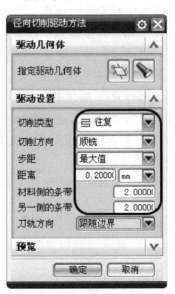

图 6-35 选择边界

图 6-36 径向切削驱动参数设置

单击预览刀轨中的"显示"按钮📎，在图形上预览路径，如图 6-37 所示。确认正确后单击"确定"按钮返回"固定轮廓铣"对话框。

◆ 步骤 21　设置切削参数

在"固定轮廓铣"对话框中，单击"切削参数"按钮📇，打开"切削参数"对话框。在"余量"选项卡中设置部件余量为"−1"，如图 6-38 所示。完成设置后单击"确定"按钮返回"固定轮廓铣"对话框。

图 6-37　显示驱动路径

图 6-38　余量设置

◆ 步骤 22　设置非切削参数

在"固定轮廓铣"对话框中单击"非切削移动"按钮📇，弹出"非切削移动"对话框。设置进刀参数，如图 6-39 所示，设置进刀类型为"插削"，进刀位置为"距离"，高度为"2"mm。单击"确定"按钮完成非切削参数的设置，返回"固定轮廓铣"对话框。

◆ 步骤 23　设置进给率和速度

单击"进给率和速度"按钮📇，则弹出"进给率和速度"对话框，设置主轴速度为"6000"。切削进给率为"600"，进刀进给率与第一刀切削进给率为 50% 的切削进给率，如图 6-40 所示。单击"确定"按钮完成设置，返回"固定轮廓铣"对话框。

◆ 步骤 24　生成刀轨

在"固定轮廓铣"对话框中单击"生成"按钮📇计算生成刀轨，产生的刀轨如图 6-41 所示。

◆ 步骤 25　确定工序

对刀轨进行检验，确认刀轨后单击"固定轮廓铣"对话框底部的"确定"按钮，接受刀轨并关闭工序对话框。

图 6-39 进刀参数设置

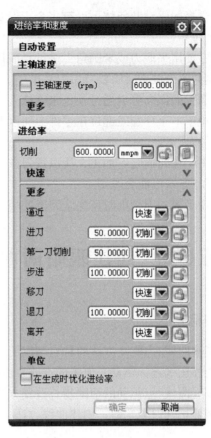

图 6-40 进给率和速度

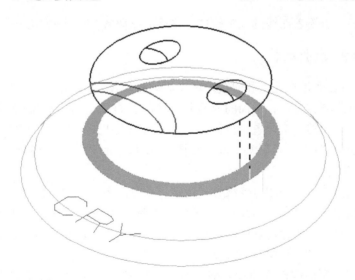

图 6-41 生成刀轨

【任务总结】

创建径向切削驱动方法的固定轮廓铣工序以完成本任务时，需要注意以下几点：

1）选择的驱动几何体可以有多个，但要注意每一边界是连续的，不连续的边界用"创建下一个边界"。

2）在使用平底刀或者圆角刀进行径向切削驱动工序创建时，要注意其材料侧的条带或者另一侧的条带设置时需要考虑刀具半径。

3）条带的侧向可以通过预览来确认。

4）由于本工序加工部位在零件曲面以下，因而要设置余量为"－1"，设置负余量不能超过刀具的下半径。

5）由于在曲面之下加工，所以进刀方式应采用简单的"插削"方式，采用圆弧或者倾斜、螺旋等方式可能会过切。

6）由于第一刀切削时产生全刀宽的切削，因而要指定相对较低的进给率。

任务 6-3　创建眼睛的曲线/点驱动固定轮廓铣工序

【学习目标】

➢ 了解曲线/点驱动方法的特点与应用。

➢ 能够正确选择驱动几何体的点或者曲线。

➢ 掌握曲线/点驱动的切削步长设置方法。

➢ 能够正确设置参数，创建曲线/点驱动的固定轮廓铣。

【任务分析】

本任务要创建一个沿着曲线的加工轨迹，采用的是曲线/点驱动方法。

【知识链接　曲线/点驱动】

曲线/点驱动方法通过指定点和曲线来定义驱动几何体。驱动曲线可以是开放的或者是封闭的，连续的或是非连续的，平面的或是非平面的。曲线/点驱动方法最常用于在曲面上雕刻图案，将零件表面的余量设置为负值，刀具可以在低于工件表面处切出一条槽。

选择驱动方法为"曲线/点"后，将弹出图 6-42 所示的"曲线/点驱动方法"对话框。

1. 驱动几何体的选择

设置：驱动几何体可以采用点或线方式指定，并且两者可以混合使用。

（1）点　系统弹出"点"对话框，如图 6-43 所示，在图形依次指定所需选择的点。选择点为驱动几何体时，在所指定顺序的两点间以直线段连接生成驱动轨迹。如图 6-44 所示，在图中依序拾取 A、B、C 三个点，生成刀轨。

（2）曲线　当选择曲线作为驱动几何体时，将沿着所选择的曲线生成驱动点，刀具依照曲线的指定顺序，依序在各曲线之间移动形成驱动点，并可以选择"反向"来调转方向。选择多条曲线时，可以选择起始端。图 6-45 所示为选择曲线作为驱动几何体时生成的刀轨。

应用：在选择曲线时结合使用曲线规则，可以快速地选中相连曲线、相切曲线、特征曲线、面的边线等。

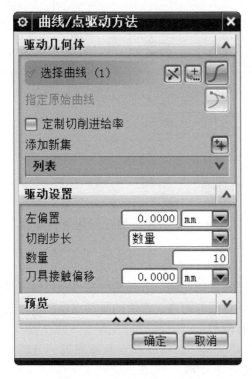

图 6-42　曲线/点驱动方法

图 6-43　"点"对话框

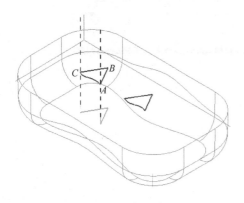

图 6-44　点驱动

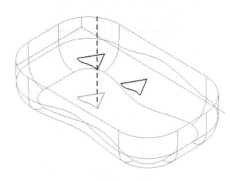

图 6-45　曲线驱动

2. 定制切削进给率

功能：该选项可以为当前所选择的曲线或点指定进给率，且可以指定不同曲线的进给率。

应用：设置的进给率仅对当前选择的曲线有效，如果不作设置将使用工序对话框中设置的切削进给率值。

3. 添加新集

功能：添加新集后选择的曲线将成为下一驱动组，驱动组之间将以区域间转移方式连接，也就是在前一组曲线的终点退刀，到下一组曲线起始端进刀，如图 6-46a 所示，而不添加新集则将作为同一驱动组的曲线直接进行连接，如图 6-46b 所示。

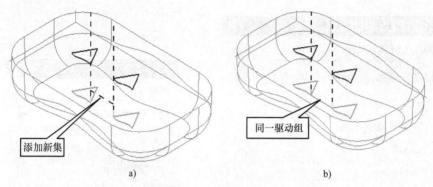

图 6-46 添加新集

4. 列表

在列表中将显示当前已经选择的驱动几何体，并且可以对驱动几何体进行编辑与删除操作。

5. 驱动设置

左偏置可以将刀轨中心偏离曲线，设置向左偏置的距离。刀具接触偏移则是以刀具接触点进行偏移。切削步长指定沿驱动曲线产生驱动点间的距离，产生的驱动点越靠近，创建的刀轨就越接近驱动曲线。切削步长的确定方式有两种：

（1）公差　沿曲线产生驱动点，规定的公差值越小，各驱动点就越靠近，刀轨也就越精确。图 6-47 所示为使用不同公差值显示驱动轨迹示例。

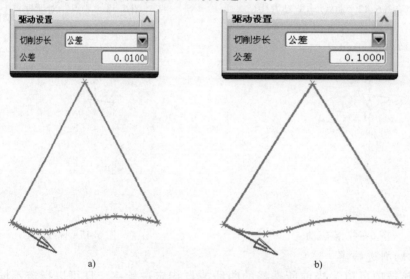

图 6-47　不同切削步长的驱动轨迹示例

应用：按公差方式设置切削步长，其驱动点是不均匀分布的，如直线就只有起点与终点。

（2）数量　直接指定驱动点的数目，在曲线上按长度进行平均分配产生驱动点。图 6-48 所示为使用不同数量定义切削步长时生成的刀轨示例。

应用：由于刀轨与部件几何体表面轮廓的误差，输入的点数必须在设置的零件表面内、外公差范围内。如果输入的点数太小，则系统会自动产生多于最小驱动点数的附加驱动点。

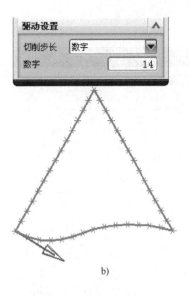

a)　　　　　　　　　　　　　　b)

图 6-48　不同切削步长的驱动路径示例

【任务实施】

创建眼睛曲线的沿曲线加工工序，步骤如下：

◆ 步骤 26　创建工序

单击"创建"工具条上的"创建工序"按钮，系统打开"创建工序"对话框，如图 6-49 所示，选择刀具为"B2R1"，几何体为"MILL_GEOM"，确认各参数后单击"确定"按钮，打开"固定轮廓铣"对话框。

◆ 步骤 27　选择驱动方法

在工序对话框的驱动方法中，选择驱动方法为"曲线/点"，打开"曲线/点驱动方法"对话框，如图 6-50 所示。

◆ 步骤 28　选择驱动几何体

在图形上拾取一个眼睛边界线椭圆，如图 6-51 所示。

在"曲线/点驱动方法"对话框中单击"添加新集"按钮，再拾取另一个眼睛边界线椭圆，如图 6-52 所示。

◆ 步骤 29　设置驱动参数

设置切削步长参数，如图 6-53 所示。单击"确定"按钮返回"固定轮廓铣"对话框。

图 6-49　"创建工序"对话框

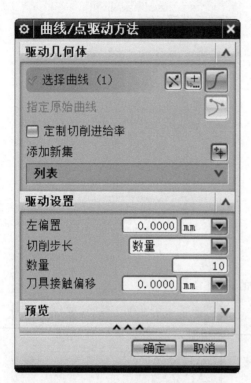

图 6-50 "曲线/点驱动方法"对话框

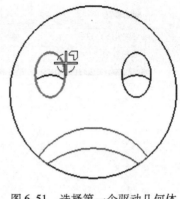

图 6-51 选择第一个驱动几何体

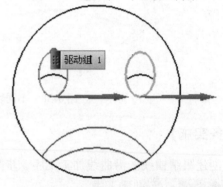

图 6-52 指定第二个驱动几何体

◆ 步骤 30 设置切削参数

在"固定轮廓铣"对话框中单击"切削参数"按钮，打开"切削参数"对话框。在"余量"选项卡中设置部件余量为"-1"，如图 6-54 所示。完成设置后单击"确定"按钮返回工序对话框。

在"多刀路"选项卡中设置部件余量偏置为"1"，勾选"多重深度切削"，步进方法设为"增量"，增量值为"0.3"，如图 6-55 所示。完成设置后单击"确定"按钮返回工序对话框。

◆ 步骤 31 设置非切削参数

在"固定轮廓铣"对话框中单击"非切削移动"按钮，则弹出"非切削移动"对话框。设置进刀参数，如图 6-56 所示，设置进刀类型为"插削"，距离为"2"mm。单击"确定"按钮完成非切削参数的设置，返回工序对话框。

◆ 步骤 32 设置进给率和速度

单击"进给率和速度"按钮，则弹出"进给率和速度"对话框，设置主轴速度为"6000"，切削进给

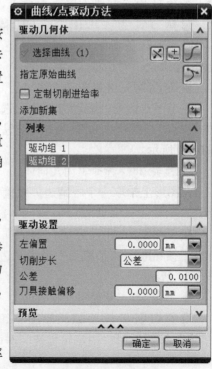

图 6-53 驱动设置

率为"600",进刀进给率与第一刀进给率为50%的切削进给率,如图6-57所示。单击"确定"按钮完成进给率和速度的设置,返回工序对话框。

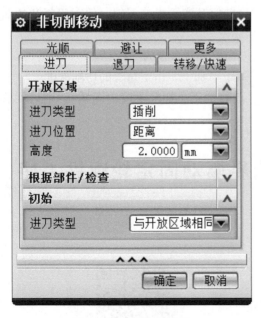

图 6-54　余量设置

图 6-55　多刀路参数设置

图 6-56　进刀参数设置

图 6-57　设置进给率和速度

◆ 步骤33 生成刀轨

在工序对话框中单击"生成"按钮 ⮌ 计算生成刀轨，产生的刀轨如图6-58所示。

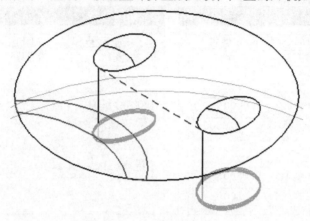

图6-58 生成刀轨

◆ 步骤34 确定工序

对刀轨进行检验，确认刀轨后单击"固定轮廓铣"对话框底部的"确定"按钮，接受刀轨并关闭工序对话框。

【任务总结】

创建曲线/点驱动的固定轮廓铣工序以完成本任务时，需要注意以下几点：

1）选择的驱动几何体可以是曲线，也可以是点，并且可以同时指定点和曲线。

2）选择不连续的曲线时，一定要用添加新集的方式，否则将会直接连接，产生过切。

3）对于由直线和圆弧组成的曲线，设置的公差值其实不影响刀轨，但对于复杂的曲线或者面边界，则指定的公差将影响刀轨的正确性。

4）本工序加工部位需要在零件曲面以下，因而要设置余量为"−1"。

5）一次性加工余量较大时，可以采用"多刀路"加工，指定每层的切削深度。

6）进行"多刀路"加工时，只能按"层"进行加工。如果要按"区域"，则只能选择单个曲线生成刀轨，再在后处理时将其合并。

任务6-4 创建眼球的边界驱动固定轮廓铣工序

【学习目标】

➢ 了解边界驱动方法的特点与应用。

➢ 能够正确选择驱动几何体的边界或空间范围的环。

➢ 掌握边界驱动的切削模式选择与步距确定。

➢ 能够正确设置参数，创建边界驱动的固定轮廓铣。

【任务分析】

对于眼球部分的加工，由于有现成的一个边界，可以采用边界驱动方法进行加工。

【知识链接　边界驱动方法】

边界驱动方法可指定以边界或空间范围来定义切削区域，根据边界及其圈定的区域范围，按照指定的驱动设置产生驱动点，再沿投影向量投影至零件表面，定义出刀具接触点与刀轨。

指定的边界将限定切削范围。图 6-59 所示为边界驱动方法刀轨示意图。

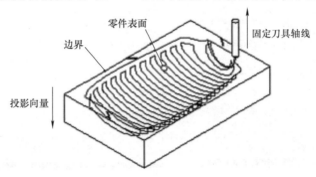

图 6-59　边界驱动方法刀轨

选择驱动方法为"边界"，出现图 6-60 所示的"边界驱动方法"对话框。边界驱动方法需要指定驱动几何体。选择一个边界为驱动几何体，选择的边界将限制切削范围。可以使用曲线、现有的永久边界、点或面来指定驱动边界。对于选择的驱动几何体还可以进行公差与偏置设定。除此之外，边界几何体还可以用部件空间范围来指定，并且可以与选择的驱动边界几何体组合使用。

边界驱动方法的驱动设置参数组与区域铣削驱动方法基本相同。

1. 指定驱动几何体

选项：单击"指定驱动几何体"按钮 ⬚，打开"边界几何体"对话框，如图 6-61 所示。边界几何体的选择方法及参数设置与平面铣相同。最常用的选择模式为"曲线/边缘"。

创建驱动几何体的边界时，其刀具位置有 3 个，如图 6-62 所示，分别为相切、对中、接触。与"对中"或"相切"不同，使用"接触"选项，刀具沿着曲面加工，直到接触点位置在边界上，"接触"点位置根据刀尖沿着轮廓曲面运动时的位置而改变，如图 6-63 所示，当刀具在部件另一侧时，接触点位于刀尖另一侧。

应用：选择驱动几何体的边界时，可以选择开放或者封闭的边界。驱动几何体的平面位置将不影响刀轨的生成。在选择边界时，需要特别注意材料侧。

选择边界后再次单击"指定驱动几何体"按钮 ⬚，打开"编辑边界"对话框，可以对选择的边界进行编辑。

2. 公差

功能：选择驱动几何体后，设置边界的内公差与外公差。

图 6-60　"边界驱动方法"对话框

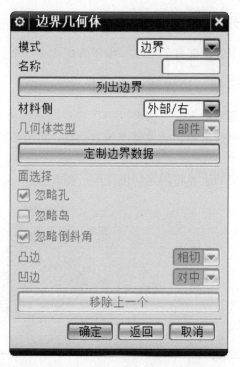

图 6-61　"边界几何体"对话框

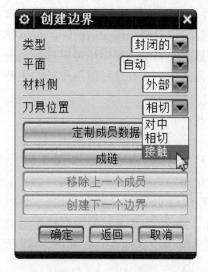

图 6-62　创建边界

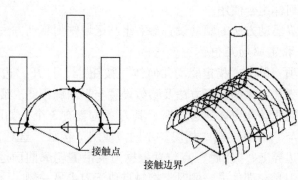

图 6-63　接触

3. 偏置

功能：边界偏置可以对边界进行向内或向外的偏移。

应用：注意这里的公差与偏置是对选择的驱动边界几何体起作用，与切削参数的"余量"选项卡设置中的公差与偏置作用对象不同。

4. 空间范围

功能：空间范围是利用沿着所选择的零件表面的外部边缘生成的边界线来定义切削区域。环与边界同样定义切削区域。

设置：部件空间范围可选择"关"不使用，也可以选择"所有环"或者"最大的环"。还可以对选择的部件空间范围进行编辑，以选择是否使用和指定刀具位置。

应用：在选择部件几何体时，最好使用"面"方式来选择，使用"体"方式将难以确定"环"。不选择驱动几何体，而选择部件空间范围为"最大的环"，在图形上将显示边界，并以该边界作为驱动几何体生成刀轨，如图 6-64 所示。

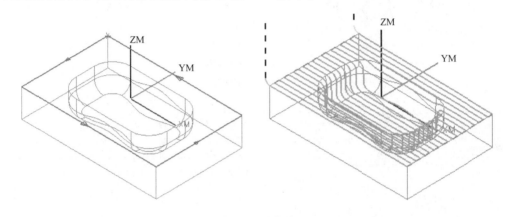

图 6-64　最大的环

【任务实施】

创建眼球部分的边界驱动固定轮廓铣工序，步骤如下：

◆ **步骤 35** 创建工序

单击工具条上的"创建工序"按钮 ，系统打开"创建工序"对话框。如图 6-65 所示，选择类型和其他参数组，确认后单击"确定"按钮，打开"固定轮廓铣"工序对话框。

◆ **步骤 36** 编辑驱动参数

在工序对话框中，驱动方法已经默认选择为"边界"，单击后边的"编辑"按钮 ，打开"边界驱动方法"对话框，如图 6-66 所示。

◆ **步骤 37** 指定驱动几何体

在"边界驱动方法"对话框中，单击"指定驱动几何体"按钮 ，系统打开"边界几何体"对话框，选择模式为"曲线/边"，如图 6-67 所示。单击"确定"按钮打开"创建边界"对话框，设置参数如图 6-68 所示，指定刀具位置为"接触"。

拾取一个眼球上的曲线，如图 6-69 所示。

在"创建边界"对话框中单击"创建下一个边界"，再选择另一个眼球上的曲线，如图 6-70 所示。

单击鼠标中键确定，单击"确定"返回到"边界驱动方法"对话框。

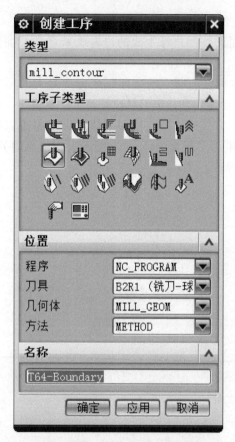

图 6-65 "创建工序"对话框

图 6-66 "边界驱动方法"对话框

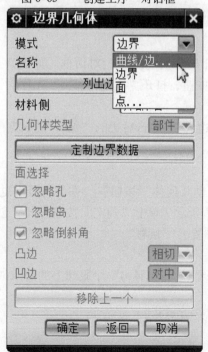

图 6-67 "边界几何体"对话框

图 6-68 "创建边界"对话框

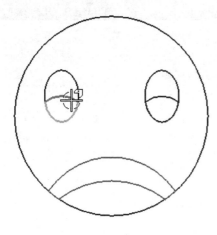

图 6-69　选择边界

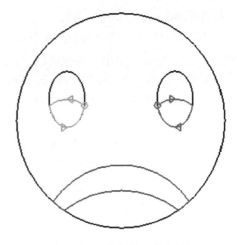

图 6-70　指定的驱动边界

◆ 步骤 38　驱动设置

在"边界驱动方法"对话框中设置参数，如图 6-71 所示，单击"确定"按钮返回"固定轮廓铣"工序对话框。

◆ 步骤 39　设置切削参数

在工序对话框中单击"切削参数"按钮，打开"切削参数"对话框。在"余量"选项卡中设置部件余量为"－1"，如图 6-72 所示。完成设置后单击"确定"按钮返回工序对话框。

图 6-71　驱动设置

图 6-72　设置余量

236

◆ 步骤 40　设置非切削参数

在"固定轮廓铣"工序对话框中单击"非切削移动"按钮，弹出"非切削移动"对话框，设置进刀参数，如图 6-73 所示，设置进刀类型为"顺时针螺旋"，距离为 100% 的刀具直径。

打开"退刀"选项卡，设置退刀参数，如图 6-74 所示，设置开放区域退刀类型为"无"，最终退刀类型为"无"，直接抬刀。

单击"确定"按钮完成非切削参数的设置，返回工序对话框。

◆ 步骤 41　设置进给率和速度

单击"进给率和速度"按钮，弹出"进给率和速度"对话框，设置主轴速度为"6000"，切削进给率为"600"，如图 6-75 所示。单击"确定"按钮完成进给的设置，返回工序对话框。

图 6-73　进刀参数设置

图 6-74　退刀

图 6-75　设置进给率和速度

◆ 步骤 42　生成刀轨

完成各项参数设置后在"固定轮廓铣"工序对话框中单击"生成"按钮计算生成刀轨，产生的刀轨如图 6-76 所示。

◆ 步骤 43　确定工序

对刀轨进行检验，确认刀轨后单击"固定轮廓铣"工序对话框底部的"确定"按钮，

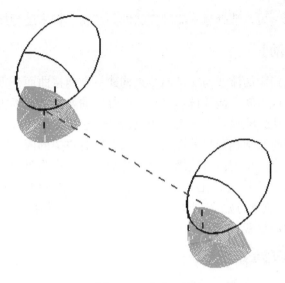

图 6-76　生成刀轨

接受刀轨并关闭工序对话框。

【任务总结】

创建边界驱动的固定轮廓铣工序以完成本任务时，需要注意以下几点：

1）边界驱动的固定轮廓铣与区域铣削驱动的固定轮廓铣相似，通常要优先选择区域铣削驱动。

2）选择边界驱动方法，将不能再指定修剪边界。

3）本工序加工部位为零件曲面以下，因而要设置余量为"－1"。

4）选择切削模式为跟随周边，指定刀具路由内向外，下刀时在中心部位，产生全刀切削的区域最小。

5）进刀类型可以选择螺旋式，避免直接插入。

任务 6-5　创建嘴巴的流线驱动固定轮廓铣工序

【学习目标】

➤ 了解流线驱动方法的特点与应用。

➤ 能够正确选择流线驱动的驱动几何体。

➤ 能够正确指定切削方向与切削区域。

➤ 能够正确进行流线驱动的驱动设置。

➤ 能够正确设置参数，创建流线驱动的固定轮廓铣。

【任务分析】

本任务要创建加工嘴巴部位的刀轨。嘴巴部位有四个边界，要求在该范围内生成刀轨。

嘴的边界部分上下对应，可以选择流线驱动方法的固定轮廓铣来进行加工。

【知识链接 流线驱动】

流线驱动方法先以指定的流线与交叉曲线来构建一个网格曲面，再以其参数线来产生驱动点，投影到曲面上生成刀轨。流线铣可以在任何复杂曲面上生成相对均匀分布的刀轨。

相对于曲面驱动方法，流线驱动有更大的灵活性，它可以用曲线、边界来定义驱动几何体，并且不受曲面选择时必须相邻接的限制，可以选择有空隙的面；同时流线驱动可以指定切削区域，并自动以指定的切削区域边缘为流线与交叉曲线作为驱动几何体。

创建"固定轮廓铣"工序时，在工序对话框的驱动方法选项中选择"流线"时，将弹出图6-77所示的"流线驱动方法"对话框。对话框的上半部分为驱动几何体的设置（图6-77a），下半部分为驱动设置（图6-77b）。

a)   b)

图6-77 "流线驱动方法"对话框

1. 驱动曲线的选择

指定驱动几何体时，可使用"自动"方式或者"指定"方式。

使用"自动"方式，系统将自动根据切削区域的边界生成流线集和交叉曲线集，并且忽略小的缝隙与孔。如图 6-78 所示，指定了切削区域后，使用自动方式选择驱动曲线。

使用"指定"方式选择流线与交叉曲线的方法来创建网格曲面，选择曲线时需要注意曲线的方向，以及在何时添加新集。图 6-79 所示为用"指定"方式选择驱动曲线，选择 3 条流线，再选择 3 条交叉曲线，然后生成流线驱动刀轨。

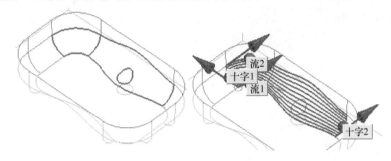

图 6-78　自动选择驱动曲线

2. 切削方向

功能：指定开始切削的角落和切削方向。

设置：单击该参数按钮，图形窗口中在驱动曲面的四角显示 8 个方向箭头，如图 6-80 所示，可用鼠标选取所需的切削方向。

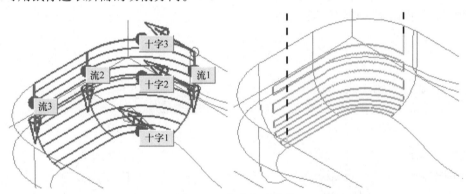

图 6-79　指定驱动曲线

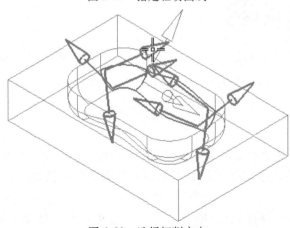

图 6-80　选择切削方向

应用：指定切削方向的同时，也就决定了切削的流线方向与起始位置。图 6-81 所示为选择不同箭头所显示的驱动路径对比。

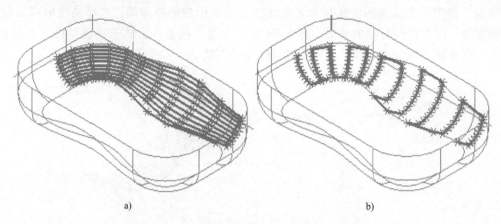

a)　　　　　　　　　　　　　　　　　b)

图 6-81　指定不同的切削方向时的驱动路径

3. 修剪和延伸

功能：修剪和延伸常用于缩减所选驱动曲面的加工范围。

设置：修剪和延伸的参数如图 6-82 所示，可在各文本框中输入数值，从而设置四个角落点的位置。默认方式为每一边都使用 0 ~ 100 显示的驱动路径。如图 6-83 所示，设置起点不同的数值，从而限制其切削区域。

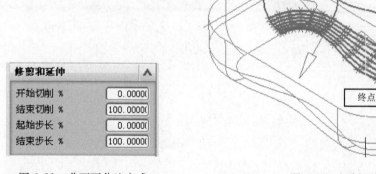

终点 75%

修剪和延伸	⋀
开始切削 %	0.0000(
结束切削 %	100.0000(
起始步长 %	0.0000(
结束步长 %	100.0000(

图 6-82　曲面百分比方式　　　　　　　　　图 6-83　切削区域

4. 偏置

功能：曲面偏置指定驱动点沿曲面法向的偏置距离。

5. 驱动设置

流线驱动方法中需要进行驱动设置，包括刀具位置、切削模式选择、步距确定等参数。

（1）刀具位置　决定系统如何计算刀具在零件表面上的接触点，可以选择"相切于"和"对中"两个选项。

（2）切削模式　有跟随周边、单向、往复、往复上升、螺旋线等选项。图 6-84、图 6-85、图 6-86 所示分别为往复、跟随周边和螺旋线的刀轨示例。

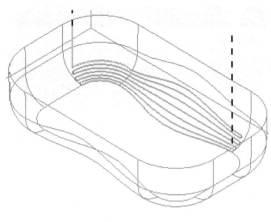

图 6-84　往复

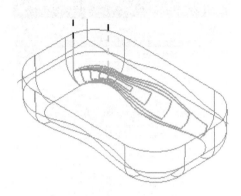

图 6-85　跟随周边

需要注意的是，这里的往复、单向、往复上升的刀轨并不是平行的，而是沿着曲面的某一参数线方向。

（3）步距　用于指定相邻两道刀轨的横向距离，即切削宽度。

步距可设置为恒定、残余高度与数量。设置为"恒定"时，直接指定最大距离值。对于残余高度，通过指定相邻两刀轨间残余材料的最大高度、水平距离与垂直距离来定义允许的最大残余面积尺寸。

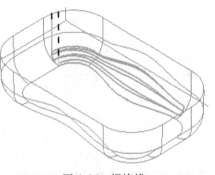

图 6-86　螺旋线

当选择该方式时，在其下方需要输入残余波峰高度、水平限制距离、垂直限制距离。使用数量方式时，指定刀轨横向进给的总数目。

【任务实施】

创建嘴巴部分的加工工序，步骤如下：

◆ 步骤 44　创建工序

单击"创建"工具条上的"创建工序"按钮 ，系统打开"创建工序"对话框，如图 6-87 所示，选择工序子类型为"流线" ，选择刀具为"B2R1"，几何体为"MILL_GEOM"，确认各参数后单击"确定"按钮，打开"流线"工序对话框。

◆ 步骤 45　编辑驱动方法

在"流线"工序对话框中，驱动方法为"流线"，如图 6-88 所示。单击"编辑"按钮 ，系统打开"流线驱动方法"对话框，如图 6-89 所示，驱动曲线的选择方法设为"指定"。

◆ 步骤 46　选择流线

在图形上拾取嘴的上边线，如图 6-90 所示，单击鼠标中键完成一条流线的选择。

再拾取嘴的下边线，并保证箭头所指方向一致，如图 6-91 所示，单击鼠标中键完成另一条流线的选择。

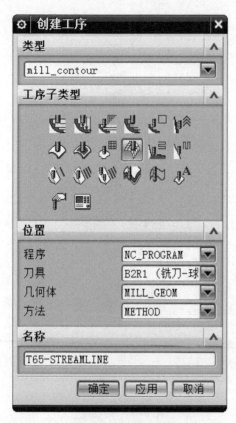

图 6-87　创建工序

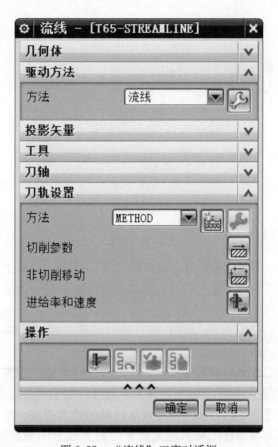

图 6-88　"流线"工序对话框

图 6-89　"流线驱动方法"对话框

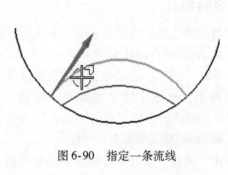

图 6-90　指定一条流线

图 6-91　指定另一条流线

◆ 步骤 47　指定切削方向

在"流线驱动方法"对话框中，单击"指定切削方向"按钮，在图形上选择左下角接近水平方向的箭头，如图 6-92 所示。

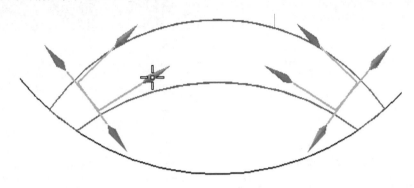

图 6-92　指定切削方向

◆ 步骤 48　设置驱动参数

设置切削步距参数，如图 6-93 所示。

◆ 步骤 49　预览驱动路径

单击预览驱动路径中的"显示"按钮，在图形上预览路径，如图 6-94 所示。确认正确后单击"确定"按钮返回工序对话框。

◆ 步骤 50　设置切削参数

在"流线"工序对话框中单击"切削参数"按钮，打开"切削参数"对话框。在"余量"选项卡中设置部件余量为"–1"，如图 6-95 所示。完成设置后单击"确定"按钮，返回工序对话框。

◆ 步骤 51　设置非切削参数

在"流线"工序对话框中单击"非切削移动"按钮，则弹出"非切削移动"对话框。在"进刀"选项卡中设置进刀参数，如图 6-96 所示，设置进刀类型为"插削"，距离为"2"mm。单击"确定"按钮完成非切削参数的设置，返回工序对话框。

◆ 步骤 52　设置进给率和速度

单击"进给率和速度"按钮，则弹出"进给率和速度"对话框，设置主轴速度为"6000"，切削进给率为"600"，进刀进给率与第一刀切削进给率为 50% 的切削进给率，如图 6-97 所示。单击"确定"按钮完成设置，返回工序对话框。

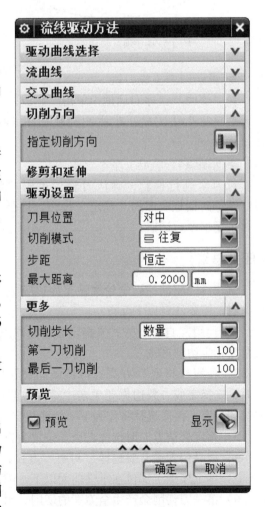

图 6-93　驱动设置

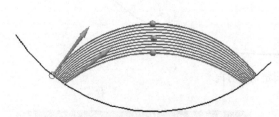

图6-94　预览驱动路径

图6-95　设置余量

◆ 步骤53　生成刀轨

在"流线"工序对话框中单击"生成"按钮 ✅，计算生成刀轨，生成的刀轨如图6-98所示。

◆ 步骤54　确定工序

对刀轨进行检验，确认刀轨后单击"流线"工序对话框底部的"确定"按钮，接受刀轨并关闭工序对话框。

【任务总结】

创建流线驱动的固定轮廓铣工序以完成本任务时，需要注意以下几点：

1）使用"自动"方式来指定驱动曲线时，通常要指定切削区域。

2）使用"指定"方式选择流线与交叉曲线时，选择完成一条边界要单击中键完成当前曲线的指定，再次选择将作为下一组曲线，否则将作为当前的流线或者交叉曲线。

3）指定切削方向时选择左下角位置会方便加工时的观察。

4）刀具位置通常要选择"对中"方式，使用"接触"方式可能不能正确生成刀轨。

5）本工序加工部位在零件曲面以下，因而要设置余量为"－1"。

6）第一刀切削会产生全刀宽的切削，因而要指定相对较低的切削进给率。

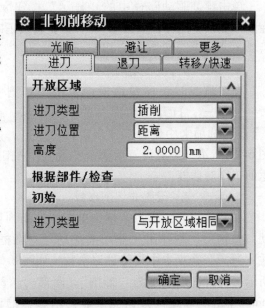

图6-96　进刀参数设置

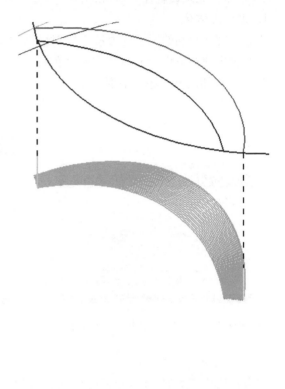

图 6-97　设置进给率和速度　　　　　　　　　图 6-98　生成刀轨

任务 6-6　创建文本标记的文本驱动固定轮廓铣工序

【学习目标】

➢ 了解文本驱动方法的特点与应用。
➢ 能够正确选择文本几何体。
➢ 能够正确设置参数，创建文本驱动的固定轮廓铣。

【任务分析】

本任务要创建文本标记的加工工序，采用文本驱动方法。

【知识链接　文本驱动】

文本驱动方法以注释文本为驱动几何体，生成驱动点并投影到部件曲面，最后生成刀轨。它与平面铣中的文本铣削区别在于，固定轮廓铣中的文本将被投影到曲面上来加工曲面。在创建工序时选择子类型为，将直接创建驱动方法为文本的固定轮廓铣工序。

创建固定轮廓铣工序时，选择驱动方法为"文本"，打开"文本驱动方法"对话框，如图 6-99 所示，无须设置任何参数，直接单击"确定"按钮返回工序对话框。

1. 文本几何体

设置：文本驱动的固定轮廓铣工序对话框中将出现"指定制图文本"按钮A，单击该按钮，将弹出图 6-100 所示的"文本几何体"对话框，在图形上拾取注释文字，完成后单击"确定"按钮返回工序对话框。

图 6-99　"文本驱动方法"对话框　　　　图 6-100　"文本几何体"对话框

2. 文本深度

设置：轮廓文本加工的切削参数中的"策略"选项卡如图 6-101 所示，设置文本深度以控制文本在加工部件表面上的下凹深度。

应用：文本深度较大时，应该进行多层的切削，可以在多刀路上进行设置。完成其他参数设置后生成刀轨，如图 6-102 所示。

图 6-101　文本铣削的切削参数

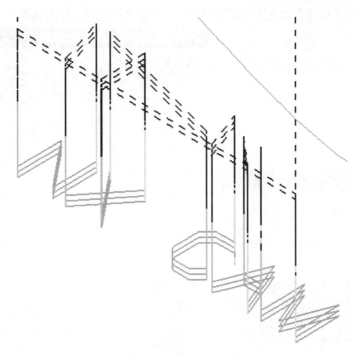

图 6-102　文本驱动示例

【任务实施】

创建"CRY"的文本标记工序，步骤如下：

◆ 步骤 55　创建工序

单击工具条上的"创建工序"按钮 ，打开"创建工序"对话框，如图 6-103 所示。选择类型和设置位置参数，完成后单击"确定"按钮，打开"轮廓文本"工序对话框，如图 6-104 所示。

◆ 步骤 56　指定制图文本

在工序对话框中，单击"指定制图文本"按钮 **A**，弹出图 6-105 所示的"文本几何体"对话框。在图形上拾取注释文字，如图 6-106 所示。单击"确定"按钮返回"轮廓文本"铣工序对话框。

◆ 步骤 57　设置文本深度

单击"切削参数"图标 ，打开"切削参数"对话框，在"策略"选项卡中设置文本深度为"1"，如图 6-107 所示。

◆ 步骤 58　设置切削参数

单击"余量"显示"余量"选项卡，设置余量为"0"，如图 6-108 所示。在"多刀路"选项卡中设置部件余量偏置为"1"，勾选"多重深度切削"，步进方法设为"增量"，增量值为"0.3"，如图 6-109 所示。设置完成后单击"确定"按钮返回工序对话框。

◆ 步骤 59　设置非切削参数

在"轮廓文本"铣工序对话框中单击"非切削移动"按钮 ，则弹出"非切削移动"对话框，设置进刀参数，如图 6-110 所示，设置进刀类型为"插削"，进刀位置为"距离"，高度为"2"。单击"确定"按钮完成非切削参数的设置，返回工序对话框。

图 6-103　"创建工序"对话框

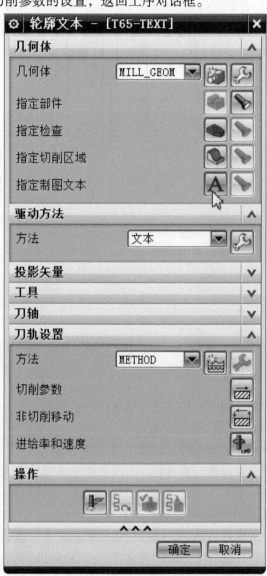

图 6-104　"轮廓文本"工序对话框

图 6-105　"文本几何体"对话框

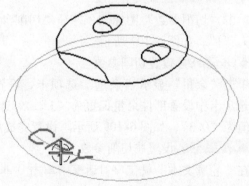

图 6-106　选择文本

图 6-107　文本深度设置

图 6-108　余量设置

图 6-109　"多刀路"选项卡

图 6-110　进刀参数设置

◆ **步骤 60**　设置进给率和速度

　　单击"进给率和速度"按钮 ，则弹出"进给率和速度"对话框，设置主轴速度为"6000"。切削进给率为"600"，进刀进给率与第一刀切削进给率为 50% 的切削进给率，如图 6-111 所示。单击"确定"按钮完成进给率和速度的设置，返回工序对话框。

◆ **步骤 61**　生成刀轨

　　在"轮廓文本"铣工序对话框中单击"生成"按钮 ，计算生成刀轨。生成的刀轨如图 6-112 所示。

◆ 步骤 62　确定工序

对刀轨进行检验，确认刀轨后单击工序对话框底部的"确定"按钮，接受刀轨并关闭工序对话框。

◆ 步骤 63　保存文件

单击工具栏上的"保存"按钮 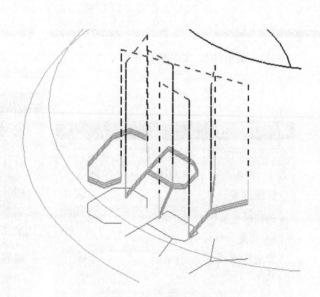，保存文件。

图 6-111　设置进给率和速度

图 6-112　生成刀轨

【任务总结】

创建文本驱动的固定轮廓铣工序以完成本任务时，需要注意以下几点：

1）选择的制图文本几何体只能是注释文本，文本曲线不能使用文本驱动方法。

2）指定的文本深度以正值表示深度，实际是向下的，而零件余量不能再设置为负值。

3）使用文本深度或者是负的部件余量值，其值不能大于刀具的圆角半径，否则生成的刀轨将是不可靠的。

4）创建工序时直接选择文本轮廓的工序子类型，可以减少部分参数设置。

5）创建固定轮廓铣工序，选择的驱动几何体可以在加工曲面的上方，也可以在加工曲面的下方，生成的刀轨都会沿刀具轴线方向投影到曲面上。

拓展知识　曲面区域驱动与刀轨驱动

拓展知识1　曲面区域驱动固定轮廓铣

曲面区域驱动也称为表面积驱动。该驱动方法创建一组阵列的、位于驱动面上的驱动点，然后沿投影矢量方向投影到零件表面上而生成刀轨。这种驱动方法最适合加工波形面。

曲面区域驱动的固定轮廓铣工序可以不选择部件几何体，而直接在驱动曲面上生成刀轨。

创建固定轮廓铣工序时，在工序对话框选择驱动方法为"曲面"，弹出图6-113所示的"曲面区域驱动方法"对话框。首先要指定驱动几何体，再进行驱动几何体参数设置与驱动设置，完成设置后单击"确定"按钮返回工序对话框，进行刀轨设置，生成刀轨。

（1）指定驱动几何体　驱动几何体用于定义和编辑驱动曲面，以创建刀轨。

设置：在"曲面区域驱动方法"对话框中单击"指定驱动几何体"按钮，弹出"驱动几何体"对话框，如图6-114所示。可以在图形上选取曲面。选择多个驱动面时，在绘图区按顺序选择第一行的曲面，选择完第一行曲面后，单击"选择下一行"，再选择第二行曲面，依此类推完成所有曲面行的定义。

图6-113　"曲面区域驱动方法"对话框

图6-114　"驱动几何体"对话框

应用：指定曲面区域驱动方法的驱动几何体时，只能逐个选择，不能使用窗选等其他选择方法。

再次单击"指定驱动几何体"按钮，将从头开始重新拾取，原先指定的驱动几何体将不再存在，因而也不能使用编辑方法进行修改。

选取曲面时一定要逐个选取相邻的曲面，并且不能存在间隙；多行曲面必须按行和列有序地排列，并且每行应有同样数量的曲面，每列也应有同样数量的曲面。否则会因流线方向不统一而无法生成刀轨或者生成混乱的刀轨。

（2）刀具位置　决定系统如何计算刀具在零件表面上的接触点。

设置：刀具位置可以选择"相切"和"对中"两个选项。

（3）切削方向　指定开始切削的角落和切削方向。

设置：单击该选项，图形窗口中在驱动曲面的四角显示 8 个方向箭头，如图 6-115 所示，可用鼠标选取所需的切削方向。

应用：选择切削方向的同时也决定了切削的流线方向与起始位置。

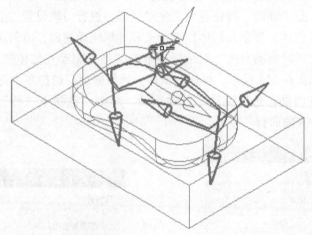

图 6-115　选择切削方向

（4）材料反向　用于翻转曲面的材料方向矢量。

（5）切削区域　切削区域用于缩减选择的驱动曲面的加工范围，包括曲面百分比与对角点两个选项。

1）曲面%：选择百分比选项时，将弹出曲面百分比方式对话框，如图 6-116 所示，可在各文本框中输入数值，从而设置四个角落点的位置。默认方式为每一边都使用 0～100 显示的驱动路径。

2）对角点：在选择的驱动面上指定两个点作为形成对角点，对角点上的参数线将确定切削区域。图6-117 所示为选择驱动面上的 A、B 两点的刀轨。

（6）偏置　曲面偏置指定驱动点沿曲面法向的偏置距离。

（7）驱动设置　曲面驱动方法的驱动设置选项包括切削模式和步距设置两个方面，与流线驱动方法的选项基本相同，但在切削模式中增加了一项即跟随周边，其刀轨示例如图6-118所示。

图 6-116　"曲面百分比方式"对话框

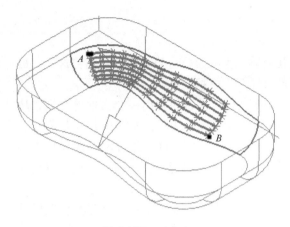

图 6-117　对角点

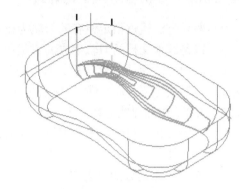

图 6-118　跟随周边

（8）更多　主要是切削步长的设定，如图 6-119 所示，切削步长控制在一个切削中的驱动点分布数量，可以通过"公差"或"数量"方式进行定义。

1）公差：指定最大偏差距离，由系统产生驱动点。图 6-120 所示为使用公差指定切削步长生成的刀轨示例。

图 6-119　更多参数组

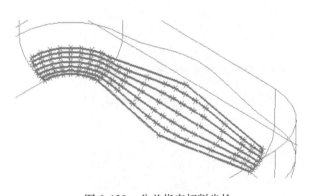

图 6-120　公差指定切削步长

2）数量：在创建刀轨时，指定沿切削方向产生的最少驱动点数量。其下方的参数选项取决于选择的路径模式。若选择的是平行线，则需要输入第一刀切削和最后一刀切削；可以设置不同的数字，中间部分将在两者之间过渡，如图 6-121 所示。若选择的是其他模式，则需要输入第一刀切削、第二刀切削与第三刀切削。

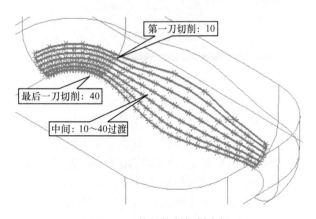

图 6-121　数量控制切削步长

拓展知识2　刀轨驱动固定轮廓铣

刀轨驱动方法通过指定原有的刀轨为驱动几何体来生成刀轨。刀轨可以是当前这一文档的，也可以是其他文档的刀轨生成的刀位源文件（CLSF 文件）。

选择驱动方法为"刀轨"后，首先要指定 CLSF 文件，系统将弹出一个文件选择框，从中选择刀位源文件（.cls 文件），然后进入"刀轨驱动方法"对话框，如图 6-122 所示。

（1）CLSF 中的刀轨　在一个 CLSF 文件中，可以包含多个刀轨，此时可以选择其中的刀轨作为驱动刀轨。对于选择的刀轨，还可以采用重播方式将其显示在屏幕上，或者选择列表功能显示文件。

（2）按进给率划分的运动类型　在一个刀轨中，可以按进给率划分的运动类型选择是否作为驱动刀轨的一部分投影到曲面上。

图 6-123 所示为一个原刀轨的回放，图 6-124 所示为使用刀轨驱动方法在底面生成的刀轨。

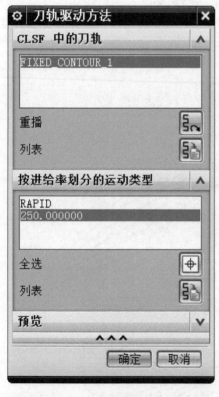

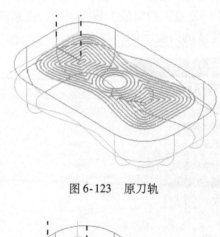

图 6-123　原刀轨

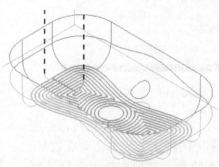

图 6-122　"刀轨驱动方法"对话框　　　　图 6-124　刀轨驱动方法生成的刀轨

刀轨驱动方法的非切削移动部分将由当前创建的工序所决定，并不受原先刀轨的影响，原先刀轨中的非切削移动将按其指定的进给率来确定是否投影到切削部件上。另外，加工精度、余量等切削参数也需要在当前工序中设置。

特别需要注意的是，如果使用了当前部件中的工序生成的 CLSF 文件创建刀轨驱动的固定轮廓铣工序，在进行仿真或者后处理时不能选中作为驱动刀轨的工序。

以下来创建一个曲面驱动的刀轨并将其投影到顶面上进行加工，作为简单的示例。

◆ 步骤 64　创建工序

单击工具条上的创建工序按钮，打开"创建工序"对话框。选择子类型为"固定轮廓铣"，单击"确定"，打开"固定轮廓铣"工序对话框。

◆ 步骤 65　选择驱动方法

在"固定轮廓铣"工序对话框中，选择驱动方法为"曲面"，如图 6-125 所示，系统将打开"曲面区域驱动方法"对话框，如图 6-126 所示。

图 6-125　选择驱动方法

图 6-126　"曲面区域驱动方法"对话框

◆ 步骤 66　指定驱动几何体

在"曲面区域驱动方法"对话框中，单击"指定驱动几何体"按钮，打开"驱动几何体"对话框，如图 6-127 所示。在图形上拾取由曲线组创建的面，如图 6-128 所示。单击中键完成驱动曲面的选择，返回到"曲面区域驱动方法"对话框。

图 6-127　"驱动几何体"对话框

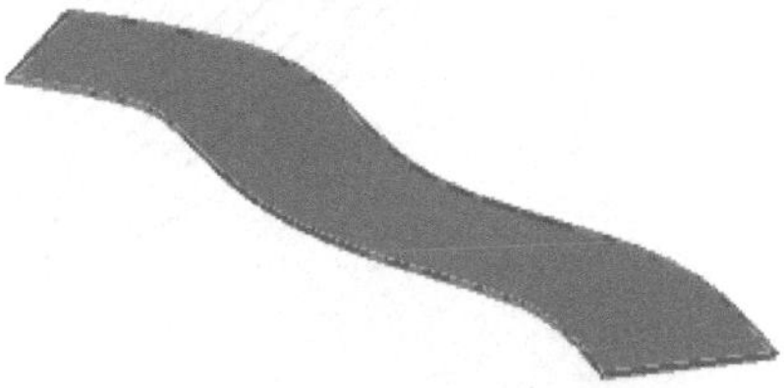

图 6-128　选择驱动面

◆ 步骤 67　选择切削方向

在"曲面区域驱动方法"对话框中，单击"切削方向"按钮，在图形上显示多个箭头，选择上方水平方向的一个箭头，如图 6-129 所示。

◆ 步骤 68　设置驱动参数

在"曲面区域驱动方法"对话框设置参数，如图
6-130 所示。设置完成后点击"显示驱动路径"按钮，在
图形上预览路径，如图 6-131 所示。单击"确定"完成
驱动方法的设置，返回"固定轮廓铣"工序对话框。

◆ 步骤 69　设置非切削参数

在工序对话框中单击"非切削移动"的按钮，

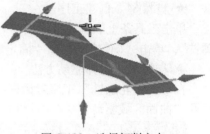

图 6-129　选择切削方向

则弹出"非切削移动"对话框。设置进刀类型为"无"，单击"确定"完成非切削参数的
设置。

◆ 步骤 70　生成刀轨

在工序对话框中单击"生成"按钮，计算生成刀轨，产生的刀轨如图 6-132 所示。

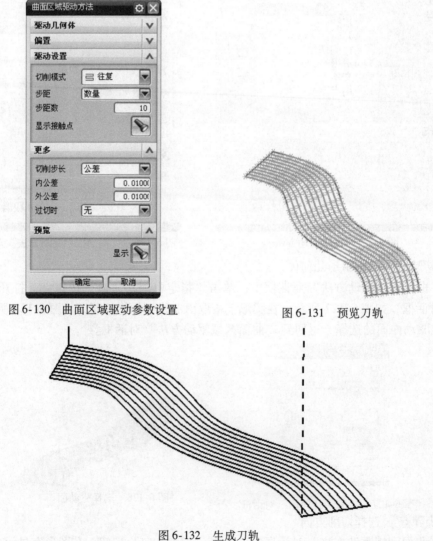

图 6-130　曲面区域驱动参数设置　　　　　　图 6-131　预览刀轨

图 6-132　生成刀轨

◆ 步骤 71　确定工序

确认刀轨后单击"固定轮廓铣"工序对话框底部的"确定"按钮，接受刀轨并关闭工序对话框。

◆ 步骤 72　输出 CLSF 文件

单击工序导航器图标，显示工序导航器，选择刚创建的工序："FIXED_ CONTOUR_6"，如图 6-133 所示。再在工具条上单击"输出 CLSF"按钮，打开"CLSF 输出"对话框，如图 6-134 所示。确认选项后单击鼠标中键生成一个 T6. cls 文件。

图 6-133　工序导航器　　　　　　　　　　　　　　图 6-134　CLSF 输出

◆ 步骤 73　创建工序

单击工具条上的"创建工序"按钮，打开"创建工序"对话框。选择子类型为"固定轮廓铣"，选择刀具为"B2R1"，单击"确定"按钮，打开"固定轮廓铣"工序对话框。

◆ 步骤 74　选择驱动方法

在"固定轮廓铣"工序对话框的驱动方法中，选择驱动方法为"刀轨"，如图 6-135 所示。

◆ 步骤 75　指定 CLSF

系统打开"指定 CLSF"对话框，选择刚生成的 CL 源文件"t6. cls"，如图 6-136 所示。单击"OK"按钮指定 CLSF 文件。

◆ 步骤 76　设置驱动参数

系统自动打开"刀轨驱动方法"对话框，选择 CLSF 中的刀轨、按进给率划分的运动类

图 6-135　选择驱动方法

型中选择"250",如图 6-137 所示,确定
返回工序对话框。

◆ 步骤 77 设置切削参数

在工序对话框中单击"切削参数"图
标▣,打开"切削参数"对话框。在"余
量"选项卡设置部件余量为"-1"。完成
设置后单击"确定"按钮返回工序对话框。

◆ 步骤 78 设置非切削移动

在工序对话框中单击"非切削移动"
图标▣,弹出"非切削移动"对话框。设
置进刀类型为"插削",距离为"2mm"。单击"确定"完成
非切削移动参数的设置,返回工序对话框。

图 6-136　指定 CLSF

◆ 步骤 79 设置进给率和速度

单击"进给率和速度"图标▣,弹出"进给率和速度"
对话框,设置主轴速度为"6000",切削进给率为"600",进
刀进给率与第一刀切削进给率为 50% 的切削进给率。单击"确
定"完成进给率的设置,返回工序对话框。

◆ 步骤 80 生成刀轨

在工序对话框中单击"生成"图标▣,计算生成刀轨,产
生的刀轨如图 6-138 所示。

◆ 步骤 81 确定工序

对刀轨进行检视,确认刀轨后单击工序对话框底部的"确
定"按钮接受刀轨并关闭工序对话框。

图 6-137　刀轨驱动方法

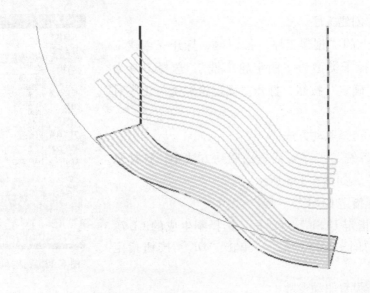

图 6-138　生成刀轨

练习与评价

【回顾总结】

本项目完成一个卡通脸谱铣雕加工的数控编程，通过 6 个任务掌握 UG NX 软件编程中固定轮廓铣的不同驱动方法的设置和应用的相关知识与技能。图 6-139 所示为本项目总结的思维导图，左侧为知识点与技能点，右侧为项目实施的任务及关键点。

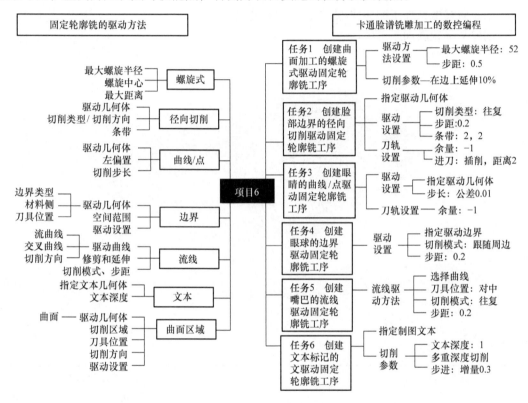

图 6-139　项目 6 总结

【思考练习】

1. 固定轮廓铣如何设置负余量？
2. 简述螺旋式驱动的特点与应用。
3. 简述径向切削驱动的特点与应用。
4. 边界驱动与区域铣削驱动有何差异？
5. 流线驱动与曲线区域驱动有何差异？
6. 流线驱动的驱动几何体如何指定？
7. 文本驱动如何指定深度？

扫描二维码进行测试，
完成 19 个选择判断题。

【自测项目】

完成图 6-140 所示零件（E6. PRT）的数控编程。

具体工作任务包括：

1. 创建几何体与刀具。

2. 创建粗加工的型腔铣工序。

3. 创建半精加工的边界驱动固定轮廓铣工序。

4. 创建曲面精加工的区域铣削工序。

5. 创建底部清角的径向驱动固定轮廓铣工序。

6. 创建曲线雕铣加工的曲线/点驱动固定轮廓铣工序。

7. 创建文本轮廓加工工序。

图 6-140　自测项目 6

【学习评价】

序号	评价内容	达成情况		
		优秀	合格	不合格
1	扫码完成基础知识测验题，测验成绩			
2	能正确设置固定轮廓铣工序的刀轨设置选项			
3	能够为不同驱动方法正确指定驱动几何体、设置驱动设置选项			
4	能够设置合理参数创建螺旋式驱动的固定轮廓铣工序			
5	能够正确指定驱动几何体、设置合理参数创建径向切削驱动的固定轮廓铣工序			
6	能够正确指定驱动几何体、设置合理参数创建曲线/点驱动的固定轮廓铣工序			
7	能够正确指定驱动几何体、设置合理参数创建边界驱动的固定轮廓铣工序			

序号	评价内容	达成情况		
		优秀	合格	不合格
8	能够正确指定驱动几何体、设置合理参数创建流线驱动的固定轮廓铣工序			
9	能够设置合理参数创建文本驱动的固定轮廓铣工序			
10	能选择合适的驱动方法、设置合理参数完成零件加工的固定轮廓铣工序创建			
	综合评价			

存在的主要问题：

参 考 文 献

［1］Unigraphics Solutons inc. UG 铣制造过程培训教程［M］. 苏红卫，译. 北京：清华大学出版社，2002.

［2］王卫兵. UG NX5 中文版数控加工案例导航视频教程［M］. 北京：清华大学出版社，2007.

［3］马秋成，聂松辉，张高峰，等. UG - CAM 篇［M］. 北京：机械工业出版社，2002.

［4］王庆林，李莉敏，韦纪祥. UG 铣制造过程实用指导［M］. 北京：清华大学出版社，2002.

［5］张磊. UG NX6 后处理技术培训教程［M］. 北京：清华大学出版社，2009.

［6］王卫兵. UG NX 数控编程实用教程［M］. 北京：清华大学出版社，2004.

［7］吕小波. 中文版 UG NX6 数控编程经典学习手册［M］. 北京：兵器工业出版社，2009.

［8］梅梅. 基于 UG NX6.0 环境的数控车削加工实践教程［M］. 北京：机械工业出版社，2009.